好学生应该具备的18种能力

史毅

中国出版集团
现代出版社

图书在版编目（CIP）数据

好学生应该具备的 18 种能力 / 史毅军编著. — 北京：现代出版社，2011.9（2025 年 1 月重印）
ISBN 978-7-5143-0316-2

Ⅰ. ①好… Ⅱ. ①史… Ⅲ. ①能力培养-青年读物 ②能力培养-少年读物 Ⅳ. ①B848.2-49

中国版本图书馆 CIP 数据核字（2011）第 146383 号

好学生应该具备的 18 种能力

编　　著	史毅军
责任编辑	张红红
出版发行	现代出版社
地　　址	北京市安定门外安华里 504 号
邮政编码	100011
电　　话	010-64267325　010-64245264（兼传真）
网　　址	www.1980xd.com
电子信箱	xiandai@vip.sina.com
印　　刷	三河市人民印务有限公司
开　　本	710mm×1000mm　1/16
印　　张	13
版　　次	2011 年 9 月第 1 版　2025 年 1 月第 9 次印刷
书　　号	ISBN 978-7-5143-0316-2
定　　价	49.80 元

前　言

青少年是早晨八九点钟的太阳，是人生中朝气蓬勃的时期，是一个最具可塑性的年龄阶段，也是一个充满希望的人生阶段。

这时候，好奇的头脑、洁净的心灵还是一张白纸，没有被陈旧的观念占据，没有尘俗的污垢。美好的事物会使他们积极向上，而不良的教育和影响也会在他们的成长中留下痕迹。

每一位青少年都有成为杰出人物的可能性，然而，由于教育和环境的影响，生活中杰出的只是少数人，而大部分人都籍籍无名。

一直以来我们相信“知识决定命运”的真理。文凭、知识可以改变人一生的命运。然而生活中，我们还看到有的天之骄子找不到工作，甚至做出了杀人、自杀等让人惊诧的事情，但他有一些青少年文凭不高，却自主创业并有所成就。另外，还有一些“问题青少年”，厌学、逃学甚至离家出走浪迹社会，或者沉迷网络变得冷漠、抑郁自闭。

为什么会这样？怎样才能使青少年健康成长，成为人才？

我们都知道一个人在 IQ（智商）和 EQ（情商）之中，仅仅高智商还不行，因为一个人成功的主要因素不是 IQ 而是 EQ。那么我们应当怎样提高青少年的综合素质呢？具体应当怎样给青少年补上这一课呢？

本书就此总结了青少年成才必备的 18 种能力，以飨读者。

目　录
Contents

自我认识的能力

知道个人的优势 …… 1

做自己擅长的事情 …… 2

找到自己的长处 …… 3

发掘自己的潜能 …… 4

设定适合自己的目标 …… 5

只做学问不做官 …… 6

社交能力

知己知彼 …… 8

社交助人成功 …… 9

社交找到知音 …… 10

真正的朋友 …… 13

面对社交刁难 …… 16

不卑不亢 …… 18

刎颈之交 …… 20

诤　友 …… 22

忘年交 …… 24

生存适应能力

自残与生存 …… 29

穿越死亡求生存 …… 30

鲁滨孙漂流记 …… 31

蟑螂一样的生存能力 …… 32

接受和适应环境 …… 34

聪明也怕生存难 …… 35

留学考验生活能力 …… 36

行动力

少说话多做事 …… 38

行动才能制胜 …… 39

成功必须脚踏实地 …… 40

务实性格与成功 …… 41

没有不劳而获 …… 43

3 件事你必须自己做 …… 44

坐着不动没有用 …… 45

没有免费的午餐 …… 46

创新能力

敢为天下先 …… 48

创造型性格与财富 …… 50

勇敢和创造力 …… 51

不创新则灭亡 …… 52

四大发明 …… 53

创造的艰难 …… 56

竞争能力

竞争的结果：多赢 …… 59
不要贪图竞争对手的小利 …… 61
竞争是有规则的 …… 61
竞争要清楚对手是谁 …… 62
竞争是优胜劣汰 …… 63
竞争与合作 …… 63
竞争使人进步 …… 65
竞争需要创新 …… 66
竞争与生存 …… 67
“杀人蝠”的启迪 …… 68
除掉恶狗生意火 …… 69
好酒也怕巷子深 …… 70
在竞争中突出自己的优势 …… 71
竞争目光要长远 …… 71

合作能力

合作才能成功 …… 73
真心合作 …… 75
善于合作 …… 76
化斗争为团结 …… 77
谁都有所不能 …… 78
团结才有力量 …… 79
牺牲眼前小利 …… 81
脱离集体会怎样 …… 82
斗争不如团结 …… 83

心理承受能力

逆境中的美 …… 84
不怕挫折 …… 85
顽强主宰命运 …… 86
99%的汗水 …… 87
损失的经验 …… 88
贫寒的意义 …… 89
人生两面 …… 91
身残志坚 …… 92
赢得起，也输得起 …… 92
失去不一定是坏事 …… 93
绝境创造奇迹 …… 94
逆境中看到希望 …… 95
从头再来的勇气 …… 96
换一个角度思考 …… 96

独立自强能力

人生当自强 …… 98
走自己的路 …… 99
浮士德精神 …… 100
卧薪尝胆终复国 …… 104
胯下之辱 …… 105
自强之路 …… 107
自强避免堕落 …… 108

学习能力

知识是夺不走的财富 …… 111
在学校里才是学习吗 …… 112

孤独中求学奋进 …… 114
盖茨读书 …… 116
休病自学的三毛 …… 118
齐白石学画 …… 120

机智的能力

随机应变的急才 …… 122
孔子家禽 …… 123
诗变词 …… 123
将错就错 …… 124
转移话题 …… 124
应对无聊的事情 …… 125
对答领导更需要机智 …… 127
机智解决小麻烦 …… 128
急中生智救人命 …… 129
莫为小事抓狂动气 …… 129

自制力

不能自控的悲剧 …… 131
战胜自己 …… 132
控制情绪的方法 …… 134
贫贱中的忍耐 …… 135
停止无谓的牢骚 …… 136

乐观自信的能力

自信乐观是人生一大财富 …… 137
逆境中的信心 …… 139
快乐源于自己的感觉 …… 141
鲜花和希望 …… 142
永远年轻 …… 143
等待的智慧 …… 144
少一点抱怨 …… 145
绝望中寻找希望 …… 146

口才能力

事业成功需要好口才 …… 148
含蓄的表达方式 …… 149
多说赞许别人的话 …… 151
不要做无谓的争论 …… 152
向权威人士进言 …… 153

持之以恒的能力

坚持才能胜利 …… 155
忍受压力 …… 156
不要害怕失败 …… 158
13 年风餐露宿 …… 161
七下西洋 …… 164
10 年才出一本书 …… 166

幽默能力

幽默型性格的好处 …… 170
自嘲的幽默 …… 171
用童趣表现幽默 …… 172
幽默与乐观 …… 174
巧用幽默脱困境 …… 174
善用比喻制造幽默 …… 175
东拉西扯的幽默 …… 176
妙用对比 …… 177

一语双关 …………………… 178
故用反语 …………………… 179
词语的曲解 …………………… 180
有意夸张 …………………… 180
巧借谐音 …………………… 181
隐含判断 …………………… 182
含蓄婉曲 …………………… 183
利用矛盾 …………………… 183
偷换概念 …………………… 184
把握机遇的能力
皇室的婚礼 …………………… 186
有需要就有市场 …………………… 187
一次旅游带来的商机 …………………… 188
果断把握机遇 …………………… 189
不可急躁 …………………… 190
反思能力
反思与财富 …………………… 193
自省照亮灵魂 …………………… 194
反思自己的错误 …………………… 195
反思他人言论 …………………… 197
反思做事的方法 …………………… 198

自我认识的能力

知道个人的优势

成功可以改善自己的生存状态，也可以获得他人的尊敬。若要成功，就应该知道个人的优势是什么，然后将个人的生活、工作和事业发展都建立在这个优势之上。请看下面这个故事吧。

为了和人类一样聪明，丛林里的动物们开办了一所学校。开学典礼的第一天，来了许多动物，有小鸡、小鸭、小鸟，还有小兔、小山羊、小松鼠。学校为它们开设了5门课程：唱歌、跳舞、跑步、爬山和游泳。

当老师宣布开始上跑步课时，小兔子兴冲冲地在体育场跑了一个来回，并自豪地说："我能做好我天生就喜欢做的事！"而再看看其他小动物，有撅着嘴的，有阴着脸的。第二天一大早，小兔子蹦蹦跳跳来到学校。老师宣布：今天上游泳课。小鸭兴冲冲地一下跳进了水里。天生恐水，祖上从来没人会游泳的小兔子傻了眼，其他小动物更没了招。

接下来，第三天是唱歌课，第四天是爬山课……以后发生的情况，便都一样了，学校里每一天的课程，小动物们总有喜欢的和不喜欢的、占优势的和不占优势的。

人生小语

成功者之所以成功，是因为他们通晓个人的优势，把个人的优势发挥到了极致。普通人之所以为普通人，是因为他们未能认清个人的优势是属于小兔子型的、小鸭子型的，还是小鸟型的。

做自己擅长的事情

每个人都想成功，然而一个人要做自己擅长的事情，才能获得成功。非常有名的文学家爱默生，在哈佛大学求学时曾读过给他启迪颇多的一个故事：

一只秃鹰飞过王宫，看见王宫中的一只黄莺十分受国王的宠爱，于是就问黄莺："你是怎么得到国王的宠爱的？"

黄莺回答说："我到王宫后，唱歌十分动听，国王非常喜欢听我唱歌，于是十分喜欢我，就经常拿珍珠来打扮我。"

秃鹰听了，心中很是羡慕，它想："我也应该学学黄莺，这样说不定国王也会喜欢上我。"于是它就飞到国王睡觉的地方，开始叫起来。正好国王在睡觉，听了秃鹰的叫声，感到十分恐怖，就叫属下去看看是什么东西在叫。国王十分愤怒，就吩咐手下去把秃鹰抓来，并命令拔光秃鹰的羽毛。

秃鹰浑身疼痛，满是伤痕地回到鸟群中，它恼羞成怒，到处对别的鸟儿说："这都是黄莺害的，我一定要报仇！"

人生小语

或许我们都认为秃鹰简直没有自知之明，太可笑了。不幸的是生活中有大量的"准秃鹰"和"类秃鹰"存在。他们总是想出人头地，却没有认识到个人所具有的能力，一味机械模仿别人，结果弄巧成拙。更加可悲的是，当他们达不到目的时，不知反躬自省，却怨天尤人，不是责怪老天不给机会，就是责怪别人没有好好地同自己配合。

找到自己的长处

非常有名的童话大王郑渊洁是一个充满传奇色彩的人物。

郑渊洁是我国著名童话作家、慈善家、演讲家。很多20世纪70、80年代的孩子都是看着他的童话长大的。

郑渊洁1955年出生于河北一个军人家庭，在北京长大。1978年开始选择以写作作为谋生手段，成为1985年创刊至今总印数逾亿册的《童话大王》半月刊的唯一撰稿人。其作品字数达2000万字。皮皮鲁、鲁西西、罗克、舒克和贝塔都是他笔下塑造的形象。郑渊洁创作童话31年，作品已售出1亿5千万册。

然而很多人并不知道，郑渊洁在读小学时，好几门功课成绩非常不好，数学总是不及格。老师说："郑渊洁，将来咱们班最没出息的那个人，就是你!"但是，郑渊洁并不这么看自己，他觉得自己虽有不足，但也有许多长处。

比如，自己富有想象力，看到一棵小草、一个茶杯、一把钥匙，就能编出一个故事来；自己的作文写得不错，有时还被老师当成范文读给同学听。他数学不好并不影响在写作方面的发展。

因此，他便注意在这方面训练自己，终于成了非常有名的童话作家。

人生小语

"认识你自己"，这是欧洲古老箴言，是一条希腊人镌刻在德尔斐的智慧神庙上的箴言。古希腊哲学家苏格拉底从这条古老格言中得到重要启发，认为每个人都必须修炼这项技能。

"认识你自己"，就是要认清自己的性情、能力和优缺点，知道自己喜欢什么，不喜欢什么，适合做什么，不适合做什么，长处是什么，短处是什么，从而做到有自知之明，在社会中找到自己的恰当的位置。除此之外，还要善于认识他人，鉴别他人，通过认识和鉴别他人而认识自己。

发掘自己的潜能

一个音乐系的同学走进练习室……钢琴上正摆着一份全新的乐谱。“超高难度！”他翻动着，喃喃自语，感觉自己对弹奏钢琴的信心跌到了谷底，消磨殆尽。已经3个月了，自从跟了这位新的指导教师之后，他不知道，为什么教师要以这种方式整人。他勉强打起精神，开始用10个手指头奋战、奋战、奋战……琴声盖住了练习室外教师走来的脚步声。

指导教师是个钢琴大师。开课第一天，他给了新学生一份乐谱。“试试看吧！”他说。乐谱难度颇高，学生弹得生涩僵滞，错误百出。“还不熟，回去好好练习！”教师在下课时，如此叮嘱学生。

学生练了1个星期，第二周上课时正准备让教师检查，没想到教师又给了他一份难度更高的乐谱。“试试看吧！”上星期的课，教师提也没提。学生再次挣扎于更高难度的技巧挑战。

第三周，更难的乐谱又出现了。同样的情形持续着，学生每周在课堂上都被一份新的乐谱所困扰，然后把它带回家练习，接着再回到课堂上，重新面临两倍难度的乐谱，却怎么样都追不上进度，一点也没有因为上周的练习而有驾轻就熟的感觉。学生感到越来越不安、沮丧和气馁。

学生忍无可忍了，他必须向钢琴大师提出这3个月来为何不断折磨自己的质疑。但教师没开口，他拿出第一堂课的乐谱交给学生“弹奏吧！”他以坚定的眼神望着学生。

不可思议的事情发生了，连学生自己都惊讶万分，他居然可以将这首曲子弹奏得如此美妙，如此精湛！教师又让学生试了第二堂课的乐谱，学生依然呈现超高水准……演奏结束，学生怔怔地看着教师，说不出话来。

“如果，我任由你表现最擅长的部分，可能你还在练习最早的那份乐谱，就不会有现在这样的程度了。”钢琴大师缓缓地说。

人生小语

人往往习惯于表现个人所熟悉、所擅长的技能。但如果我们愿意回首，深刻体会，将会恍然大悟：看似紧锣密鼓的工作挑战、永无尽止和难度渐升的环境压力，不就是在不知不觉间培养了我们今日的诸般能力吗？

因为，人确实有很大的潜力。有了这层体悟与认识，会让我们欣然地面对未来更多的难题。

设定适合自己的目标

有人曾做过一个十分有趣的实验：让学生投掷竹圈，去套前面地上的圆柱。

学生们第一个问题就是："该站在哪儿投掷呢？"

实验者回答道："没有规定，由你个人选择。"

学生们听后觉得奇怪，他们起初站在距圆柱很近的位置去投掷，成功率很高。可投了几次之后，便觉得那样做没有意思，于是就自行退到较远的位置，结果命中率自然大大降低。就这样一会儿靠前，一会儿靠后，学生们最终确定了最适当的位置，那就是投掷命中率在50%左右的地方。

人生小语

人们固然盼望成功，需要设定适合自己的目标。太容易得手的事情没有挑战性，即使成功，也不能给予人们成就感。太困难的事完全没有成功的可能性，人们也不愿因此浪费精力。只有成功与失败各占一半的事情，方能引起人们的最大兴趣。同样的道理，人们在确立行动目标时，不仅要考虑目标的高低，而且还要看目标对个人而言能否实现。只有这样，才能使目标产生巨大的激发力量，推动着人们自觉地从事活动，从而塑造出顽强的性格意志特征。

只做学问不做官

1952 年，爱因斯坦的好友以色列首任总统魏茨曼不幸逝世。在此之前，就有以色列驻美国大使向爱因斯坦转达了以色列总理本·古里安的信，正式提请爱因斯坦为以色列共和国总统候选人。

当天晚上，一位记者给爱因斯坦打来电话，询问爱因斯坦："听说要请您出任以色列共和国总统，教授先生。您会接受吗？""不会。我当不了总统。""总统没有多少具体事务，他的位置是象征性的。教授先生，您是最伟大的犹太人。不，不，您是全世界最伟大的人。由您来担任以色列总统，象征犹太民族的伟大，再好不过了。""不，我干不了。"

爱因斯坦才放下电话，电话铃又响了。这次是驻华盛顿的以色列大使打来的。大使说："教授先生，我是奉以色列共和国总理本·古里安的指示，想请问一下，如果提名您当总统候选人，您愿意接受吗？""大使先生，关于自然，我了解一点；关于人，我几乎一点也不了解。我这样的人，怎么能担任总统呢？请您向报界解释一下，给我解解围。"

爱因斯坦

大使不屈不挠，进一步劝说："教授先生，已故总统魏茨曼也是教师呢。您能胜任的。""魏茨曼和我是不一样的。他能胜任，我不能。""教授先生，每一个以色列公民，全世界每一个犹太人，都在期待您呢！"

爱因斯坦的确被同胞们的好意深深感动了，但他想得更多的是如何委婉地拒绝大使和以色列政府，不使他们失望，不让他们窘迫。

不久，爱因斯坦在报上发表声明，正式谢绝出任以色列总统。在爱因斯坦看来，“当总统可不是一件容易的事”。同时，他还再次引用他个人的话：“方程对我更重要些，因为政治是为当前，而方程却是一种永恒的东西。”

人生小语

人对自我认识的最大误区，是容易跟着社会潮流走。社会流行什么，就想努力去证明什么。爱因斯坦在获得科学的巨大成就之后，面对唾手可得的政治名誉，仍然丝毫不为所动，表现了一个学者的高尚风范。

社交能力

知己知彼

2008 奥运会已经在北京成功地举办。有关奥运会的报道中，经常有这样一句话：沟通无极限。然而，我们怎样才能搞好人际关系，怎样才能跟人无障碍交往呢？人际交往是有规律可循的，前提是知己知彼。

《孙子兵法》中说："知己知彼，百战不殆；不知彼而知己，一胜一负；不知彼，不知己，每战必殆。"意思是说，在军事纷争中，既了解敌人，又了解自己，百战都不会失败；不了解敌人而只了解自己，胜败的可能性各半；既不了解敌人，又不了解自己，那只有每战必败的份儿了。

这一则兵法同样适用于今天的人际交往。从心理学的角度讲，了解自身的文化背景，了解他人的文化背景，了解自身的心理需求和了解他人的心理需求，对处理好人际交往至关重要。

人生小语

人际交往无论对家庭、事业还是社会，都会发生重大影响，同时，人际交往还能带给我们意想不到的无形财富。

社交助人成功

华尔顿是靠经营小商店发大财的。他最初在阿肯色州开了一家小商店，由于经营得当，拥有了1000多家分店，经营体系遍布全美各地。据美国一份权威性的杂志《福布斯》分析：华尔顿已是全美国最富有的有钱人之一。

华尔顿的经营管理方式很独特：他的1000多家分店全都分布在人口只有两三万的小城镇，考虑到小城镇中下层人们的实际经济情况，所卖的商品都是中低档廉价的生活必需品，并且是让售货员上门推销。华尔顿在招收新职员的时候，要求他们必须购买本公司的股票，以使所有职员产生向心力，让他们时刻感到：我工作不仅是为公司赚钱，同时更是为了自己，因为个人的命运是与公司的命运紧密相连的。华尔顿面目和善，经常面带微笑，给人一种和蔼可亲的感觉。他称他的职员是“同事”而非“雇佣的员工”。他经常巡视他的小商店，以至经理办公室经常没人。他激励属下好好干，争创一流，公司职员把他当做可亲可敬的父辈，工作起来很是卖力。他也常在停车场或街上询问顾客，问他们在店中是否受到热情周到的接待，有什么想买而买不到的东西，是否喜欢镇上的商店，店中卖的商品价格是否合理，等等。

对于这位慈眉善目的白发老人，人们往往停住脚步，无所顾虑地讲出心里话。华尔顿则根据这第一手资料来切实改善商店的经营范围和经营作风，尽力做得使顾客满意。正是这种独特的经营方式和经营作风，使他的商店赢得了顾客，同时，也给他带来了丰厚的利润。

华尔顿在建立激励机制方面具有突出的成绩，这也是他成功的重要条件。他为了使店员们都自觉地有所成就，在物质上给予有成绩者加薪奖励；在精神上，发一些徽章和彩带之类的纪念品，并且建立了“光荣榜”制度，每周都有几个店荣登金榜。与此同时，他又组建“打击队”，对上榜的店进行突击检查，看他们是不是无愧于“光荣榜”。他的这种激励机制大大增强了店员的责任感和荣誉感。一次，在他召开职工大会时，他突然站起来大吼：“谁是全国第一家？”所有职员都齐声回答：“华尔顿连锁店。”

人际关系如何是衡量一个人成功与否的标志。所谓人际关系，就是感情和关系网络。一个人的事业成功靠的就是70%的人际关系，全世界最成功的人都是人际关系较好的人。“多个友人多条路”，再顶天立地的英雄，离开别人的帮助也将一事无成。

人生小语

社会中有许多靠着友人的力量而成功的人。一位作家说过这样的话：“现代社会，人们完全靠一个规模庞大的信用组织在维持着，而这个信用组织的基础却是建立在对人格的互相尊重之上。”他还说：“谁也无法单枪匹马在社会的竞技场上赢得胜利、获得成功。换句话说，他只有在友人的帮助和拥护下，才不至于失败。”

华尔顿正是靠着他的爱心、热情、善于团结别人以及出色的激励机制才取得了事业的巨大成功。

社交找到知音

人们常用“知音”一词形容朋友之间的深情厚谊，说起“知音”一词的来历，有一段脍炙人口的故事。

春秋时期，有位著名的琴师姓俞名瑞（生卒年不详），字伯牙。他曾拜当时的大琴师成连先生学琴，学了3年，没有多大的长进。后来，他随成连先生游东海蓬莱山，听到大海汹涌澎湃的涛声，群鸟欢唱悲凄的叫声，对音乐的悟性大开，就操起琴弹奏起来，从此琴艺大长，享誉各诸侯国。遗憾的是，他的琴艺越高就越难遇上知音。

伯牙本是楚国人却在晋国做官，担任上大夫。他奉晋王的命令出使楚国，完成使命后他辞谢楚王，从水路返回晋国，船到汉阳江口，已是傍晚时分。这天正是八月十五日中秋节，突然狂风巨浪，大雨倾盆，行船受阻，便把船停靠在汉阳江口的山崖之下。不久，风停浪静，天空明朗，一轮圆月高挂天空。雨后的月亮越发显得明净迷人，远山播撒着一层银光，江面上波光粼粼，空气清新，沁人肺腑。这美景，怎不令人心旷神怡呢？

伯牙一时琴兴大发，急命书童焚香摆琴，坐下来调好弦，专心致志地弹奏起来。弹奏间，一抬头，他猛然发现山崖之上有一个人，一动不动地站在那儿，他心里一惊，手指稍一用力，一根琴弦“啪”的一声断了。

伯牙正在疑惑，突然那人大声说：“先生不要疑心，我是打柴的人，因打柴下山晚了，遇上大雨，在山岩上避雨，听到先生弹琴，琴艺绝妙，不由得驻足听琴。”

伯牙鼓琴图

伯牙心想：他是一个樵夫，怎么能听懂我弹的琴呢？于是就和他攀谈起来：“你既然能听琴，那么请说说，我刚才弹的是什么曲子呢？”

那人笑着说：“先生刚才弹的曲子是‘孔子赞叹弟子颜回’的琴曲，弹完第三句的曲子时，可惜琴弦突然断了。”

伯牙听了大喜，想不到这荒山野岭之中，居然有人能听懂他弹的琴，便邀请那樵夫上船细谈。那樵夫走上船来，伯牙借着月光看那人，果然是樵夫装束，身材魁梧，举止气度不凡。伯牙给他让座，那樵夫看见伯牙的琴，审视了一番，说：“先生这琴可不是一把普通的琴啊！”

伯牙问道：“难道你还知道这把琴的来历?!”那樵夫说：“这是瑶琴，传说是伏羲氏所造。”伯牙又是一惊，心想，这樵夫肯定不是一般人。那樵夫接着说，这瑶琴当年是如何截取上等梧桐木料精心制作而成的，最初只有5根弦，后来周文王添了一根弦，称文弦，周武王又加一根弦，称武弦，共7根弦，所以叫做文武七弦琴。又讲到瑶琴有什么优点，在什么情况下不弹琴，怎样才能弹好它，等等，对瑶琴的一切都了如指掌。

伯牙心中不仅佩服那樵夫的知识广博，更觉得惊奇。但是，转而又想，也许他是凭记忆得来的学问，何不弹奏几曲给他听听，考他一考。

主意已定，伯牙边与那樵夫交谈，边把琴弦续好，请那樵夫辨识所弹的曲调。伯牙说话虽然不露声色，但心里已暗暗确定了弹奏的内容，这次不弹现成的曲子，而是按自己随意所想，用琴把所想的情境表现出来。

他沉思了一会儿，手起时，琴声雄伟、高亢、激越，使那樵夫产生了共鸣，情不自禁地赞叹道："好啊！挺拔巍峨，气势磅礴，先生把高山的雄峻表现得太深刻了。"

伯牙不露声色，凝思一会儿，又弹奏起来。这次完全是另一种风格的曲调，那樵夫不禁又赞叹道："好啊！弹得太好了，低似涓涓细流，亢如波涛汹涌，浩浩荡荡，幽回九转，先生把潺潺流水述说得太形象了。"

伯牙大惊，那樵夫竟然两次都把伯牙所想所弹的说得丝毫不差。这时，伯牙才想起问对方尊姓大名，那樵夫名叫钟子期（生卒年不详），伯牙也报了自己的姓名。伯牙弹琴那么长时间了，走过的地方也不少，还没遇到过像钟子期这样知音的人，钟子期久居乡里，更没有碰到过技艺像伯牙这样高明的琴师。两人都大有相见恨晚之感。伯牙吩咐仆人上茶斟酒，两人边饮边谈，当即结拜为兄弟，并约定第二年的中秋节在汉阳江口相会。两人一直谈到天亮，才挥泪而别。

第二年中秋节，伯牙按约定日期赶到汉阳江口。可是，等了好长时间，始终不见钟子期出现。同一天夜晚，同一个地点，同样的月光，就是没有知音钟子期！伯牙触景生情，心急如焚，便弹琴来召唤钟子期，那思念知音的琴声在夜空中飘荡，传向远方，可是，钟子期还是踪影全无。伯牙躺在床上，辗转反侧，怎么也睡不着，好不容易等到天边发白。伯牙急忙起床，梳洗之后，背上瑶琴就向钟子期居住的集贤村走去。

当他走到一个十字路口，正不知该走哪条路的时候，一位满头白发，面容憔悴，一手拄拐杖，一手提着竹篮的老人走了过来。伯牙赶快上前施礼，打听集贤村的钟子期，并说自己是他的朋友俞伯牙。

老人听了俞伯牙的话，老泪纵横，竟然痛哭起来。俞伯牙感到蹊跷，不知所措，只听那老人说："我就是子期的父亲。自从你们分手后，子期因劳累过度，积劳成疾，已不幸离开人世。他曾经告诉过我，去年的八月十五中秋节晚上曾经和先生在江边相会，并约定今年八月十五中秋节再见面叙旧。他临死前留下遗言，死后把他埋在江边，能听先生弹琴。”

伯牙听了老人的述说，悲痛不已。在老人的引导下，他来到江边子期的坟前。眼望江面，去年八月十五的情境历历在目。可是，事过境迁，自己唯一的知音——钟子期已长眠地下了，怎能不令人伤感呢？

伯牙架起瑶琴，席地而坐，弹奏起来。琴声哀怨，如泣如诉，充满了伯牙对子期深深的怀念之情和对子期逝去的悲伤之痛，但是，这些，谁人又能理解呢？曾经有过，那就是子期。可是，现在唯一的知音已经离开了人世，今后我还弹琴给谁听呢？琴声戛然而止，只见伯牙悲伤至极，他挑断琴弦，举起那珍贵的瑶琴，猛然砸在石块上，瑶琴被砸得粉碎。

为了纪念这两位“知音”的友谊，后人在汉阳的龟山脚下，月湖侧畔，筑了一座古琴台。

人生小语

伯牙和子期见面时所弹的曲调“高山流水”早已成了社交友谊的象征，“知音”一词便成了亲密朋友的同义语。应当指出的是，这个故事所说的“知音”绝不能简单地理解为能听懂乐曲，而是表现了钟、俞之间基于共同志趣、情操的相互理解，这才是“知音”的实质。所以，知音就是有共同语言和志向的朋友。

真正的朋友

管仲和鲍叔牙年轻时就是很要好的朋友，经常在一起，彼此都很了解。后来，他们都在春秋初期的齐国宫廷做官，管仲辅佐齐公子纠，鲍叔牙辅佐齐公子小白，两人各事其主。

公元前694年，齐国宫廷发生内乱，为避祸端，管仲和召忽护送公子纠到了鲁国；鲍叔牙护送公子小白投奔卫国。公元前685年春，齐国国君被人杀害，在公子纠和公子小白之间发生了一场争夺国君继承人的激烈的政治斗争。公子纠在鲁国的支持下，日夜兼程赶往齐国，并派管仲带兵在卫国

管　仲

通往齐国的路上拦击公子小白。双方遭遇，公子小白没有多少兵马，抵挡一阵之后，只好逃命，管仲上前追杀，张弓搭箭，一箭射中小白，幸亏箭被腰带挡住，小白才免于一死。公子小白借势咬破舌头，喷出一口鲜血，倒在地上佯装被射死。管仲被小白蒙混过去，对他的死深信不疑，便带兵护送公子纠回齐国去了。鲍叔牙开始是紧随小白左右的，混战之中他与小白被打散了，管仲走后，他找到了小白。这时，小白因伤痛晕了过去，鲍叔牙也以为小白死了，伏尸痛哭。小白被鲍叔牙痛哭时左右摇动，苏醒过来。鲍叔牙见状，悲喜交加，连忙把小白扶起，解下那救命的腰带，召集所剩随从，抄小路率先赶到齐国都城，夺得了王位，号称齐桓公。那时，齐强鲁弱，小白即位后，逼鲁国杀了公子纠，引渡管仲，这场争夺王位的斗争才告结束。

鲍叔牙辅佐齐桓公取得了君位，国相这个职务当然非他莫属了。但是，当齐桓公任命他为国相的时候，他一再推让并力荐管仲。鲍叔牙对齐桓公说：“您如果仅仅打算把齐国治理好的话，有我等一班人辅佐就足够了，但如果您想使齐国强大，称霸诸侯，那就非管仲辅佐不可。”齐桓公问：“为什么呢?”鲍叔牙说：“我有5点不如管仲：对人民宽厚仁爱，使他们能够丰衣足食，我不如他；治理国家能够维护国家尊严，不丧失国家主权，我不如他；团结人民，并使他们心悦诚服，我不如他；根据礼义原则制定政策，使所有的人都能共同遵守，我不如他；临阵指挥，使将士勇往直前，我不如他。而这5个方面，正是执政者所不可缺少的!”

齐桓公本来是要亲自处置管仲的，但是，听了鲍叔牙的介绍后，他不计一箭之仇，任命管仲为大夫，后又拜他为上卿，主持国家政务。管仲果然不负所望，他“相桓公，霸诸侯，一匡天下（管仲辅佐齐桓公，称霸诸侯，扭转了天下的混乱局面）”，维护了中原地区的先进文化和社会安定。

就连孔子也不得不称赞他："没有管仲，现在我们大概都要披着头发，穿着敞开衣襟的衣服，受着异族的统治，成为野蛮人了。"

齐桓公

鲍叔牙对管仲一贯的照顾、关心和爱护，管仲心里是清楚的，也非常感激他。管仲说："我当初贫困时，曾经与鲍叔牙一起做生意，在分财利时，我总要多分一些，但鲍叔牙并不认为我贪财，他体谅我家里穷，需要钱用；我曾经帮助鲍叔牙去办事，结果事没办成，但鲍叔牙并不认为我愚蠢无能，还常常宽慰我；我曾经三次做官，三次被君主罢免，但鲍叔牙并不认为我没有才干，而是认为我没有碰上识才的君主；我曾经三次打仗，三次败逃开了小差，但鲍叔牙并不认为我怯懦怕死，他知道我有老母在家，需要照顾；公子纠和公子小白争夺王位，公子纠失败被杀，当时我和召忽都侍奉公子纠，召忽为保全气节自杀了，而我却被囚禁起来，忍受屈辱，但鲍叔牙并不认为我不知羞耻，他知道我不羞于小节，而以功名未显扬天下为羞耻。生我的是父母，而真正了解我的是鲍叔牙啊！"管仲说的这段话如果以我们今天的评价标准来衡量，当然问题不少，比如说，打仗开小差，怎能以家中有老母亲需要照顾为理由呢？但是，这段话也可以给我们一些启示，任何人都是有缺点的，看一个人要看他的本质和主流，做到量才使用。2000年前的鲍叔牙知道这个道理，极力推荐管仲，为齐国的强盛做出了卓越的贡献。

管仲被任命为上卿后，鲍叔牙心甘情愿位居管仲之下，所以，当时以及后世不仅称赞管仲的才干，而且更加称赞鲍叔牙的识才让贤。后来，管仲与鲍叔牙的友谊被视为知己的典型，人们常常把朋友之间的诚挚友谊称为"管鲍"。

人生小语

社交是很广泛的，朋友也很广泛，大部分朋友都只是泛泛之交。能够找到“管鲍之交”的朋友，是人生一大幸事，也是社交成功的表现。

面对社交刁难

晏婴（公元前578～前500年），尊称晏子，夷维人（今山东莱州），是春秋后期一位重要的政治家、思想家、外交家。晏婴是齐国上大夫晏弱之子，以生活节俭，谦恭下士著称。据说晏婴身材不高，其貌不扬。齐灵公二十六年（公元前556年），晏弱病死，晏婴继任为上大夫。

晏子奉命出使楚国。楚国君臣知道晏子身材矮小，在大门的旁边开一个小门请晏子进去。晏子不进去，说：“去拜访狗国才从狗洞进，现在我出使到楚国来，不应该从这个洞进去。”于是迎接宾客的人带晏子改从大门进去。

晏子上堂拜见楚王。楚王说：“齐国难道没有人了吗？怎么派你来呢。”晏子回答说：“齐国的都城临淄有7500户人家，人们一起张开袖子，天就阴暗下来；一起挥洒汗水，就会汇成大雨；街上行人肩膀靠着肩膀，脚尖碰脚后跟，怎么能说没有人呢？”楚王说：“既然这样，那为什么会派遣你来呢？”晏子回答说：“齐国派遣使臣，要根据不同的对象，贤能的人被派遣出使到贤能的国王那里去，不贤能的人被派遣出使到不贤能的国王那里去。我晏婴是最没有才能的人，所以只能出使到楚国来了。”

楚王请晏子喝酒。两个官吏绑着一个人到楚王面前。楚王问：“绑着的是什么人？”小吏回答说：“是齐国的人，犯了偷窃罪。”楚王对晏子说：“齐国人本来就善于偷窃吗？”晏子离开座位，郑重地回答说：“我听说过这样一件事，橘子生长在淮南是橘子，生长在淮北就变为枳子，只是叶子的形状相似，它们果实的味道完全不同。这样的原因是什么呢？是水土不同吧。现在百姓生活在齐国不偷窃，来到楚国就偷窃，莫非是楚国的水土使百姓善于偷窃吗？”楚王见自己导演的闹剧落空，不由笑着说：“是不能同圣人开玩笑的，我反而自讨没趣了。”

又一年，晏婴奉命出使吴国。清晨，晏婴穿戴整齐来到宫中等候谒见吴王。不一会儿，侍从传下令来：“天子召见。”晏婴一怔，吴王什么时候变成天子了？当时周天子虽已名存实亡，但诸侯各国仍称周王为天子，这是他独享的称号。晏婴马上反应了过来，这是吴王在向他炫耀国威呀。于是，他见机行事，装作没听见。侍卫又高声重复，晏婴仍不予理睬。侍卫没有办法，径直走到他跟前，一字一顿地说：“天子请见。”晏婴故意装作惊诧的样子，问道：“臣受齐国国君之命，出使吴国。谁知晏婴愚笨昏聩，竟然搞错了方向，走到天子的朝廷上来了。实在抱歉。请问何处可以找到吴王？”吴王听门人禀报后，无可奈何，只得传令：“吴王请见。”晏婴听罢，立刻昂首挺胸走上前拜见吴王，并向他行了谒见诸侯时当行的礼仪。吴王本来是想利用这个办法来难为晏婴的，结果却自讨没趣，好不尴尬。然而他并没有死心，还想继续难为晏婴。他故意装作非常诚恳的样子对晏婴说：“一国之君要想长久保持国威，守住疆土，该怎么办？”晏婴不假思索地答道：“先人民，后个人；先施惠，后责罚；强不欺弱，贵不凌贱，富不傲贫。不以威力搞掉别国国君，不以势众兼并他国，这是保持国威的正当办法。否则，就很危险了。”

自命不凡的吴王听完晏婴的一番慷慨陈词，再也想不出什么难题为难晏婴了。晏婴凭着个人的聪明才智不动声色地又一次取得了出使的胜利。

还有一次，晏婴出使晋国。晋国的大夫叔向见晏婴的装束很寒酸，感到颇为不解，酒席宴上委婉地问道：“请问先生，节俭与吝啬有什么区别？”晏婴明白叔向的用意，也不动怒，认真地答道：“节俭是君子的品德，吝啬是小人的恶德。衡量财物的多寡，有计划地加以使用，富贵时没有过分地加以囤积，贫困时不向人借贷，不放纵私欲、奢侈浪费，时刻念及百姓之疾苦，这就是节俭。如果积财自享而不想到赈济百姓，即使一掷千金，也是吝啬。”叔向听了立即对其肃然起敬，不敢再以貌取人，小视晏婴了。

人生小语

世态炎凉、人情冷暖的事情经常发生，遇到一些素质不高的人，遇到故意作对的人，我们该怎样应付这些挫折和尴尬呢？以上是青少年最熟悉的晏子的故事。

作为被载入史册的一位杰出的外交家，晏婴既坚持原则又灵活应变，该柔则柔，该刚则刚，面对大国的淫威和责难，不卑不亢，刚柔并济，一次次地化解难题，出使不受辱，一次又一次维护和捍卫了齐国的尊严，也为个人在诸侯国之间赢得了崇高的声誉。

不卑不亢

20 世纪 50 年代，有一次，周总理和一位美国记者谈话时，记者看到总理办公室里有一支派克钢笔，便带着几分讽刺，得意地发问："总理阁下也迷信我国的钢笔吗？"周总理听了风趣地说："这是一位朝鲜友人送给我的。这位友人对我说，这是美军在板门店投降签字仪式上用过的，你留下作个纪念吧！我觉得这支钢笔的来历很有意义，就留下了贵国的这支钢笔。"美国记者一听，顿时哑口无言。

总理的外交手段很灵活，20 世纪 70 年代末，阿尔巴尼亚部长会议主席访华，向我国提出一些不切实际的援助要求。周总理说无法完全满足，双方因此僵持不下。周总理就指示外交部的同志第二天请阿尔巴尼亚代表团访问大寨，并交待说明天的晚餐就吃小米粥、玉米，再准备几个简单素菜和一个荤菜。从大寨回来以后，周总理对阿方代表说："你看我国目前的情况还是比较艰苦的，我们多送给阿尔巴尼亚一吨米，我们就要勒紧自己的裤带。"后来，那个阿尔巴尼亚代表团就降低了要价。

有一次周总理应邀访问苏联，在同赫鲁晓夫会晤时，批评他全面推行修正主义政策。狡猾的赫鲁晓夫却不正面回答，而是就当时敏感的阶级出身问题对周总理进行刺激，他说："你批评得很好，然而你应该同意，出身于工人阶级的是我，而你却是出身于资产阶级。"言外之意是指总理站在资产阶级立场说话。周总理只是停了一会儿，然后平静地回答："是的，赫鲁晓夫同志，但至少我们两个人有一个共同点，那就是我们都背叛了我们各自的阶级。"出其不意地将赫鲁晓夫射出的毒箭掉转方向，射向赫鲁晓夫本人。据说，此言一出，立即在各共产党国家传为美谈。

周总理

1960年4月下旬，周总理与印度谈判中印边界问题，印方提出了一个挑衅性问题："西藏自古就是中国的领土吗？"周总理说："西藏自古就是我国的领土，远的不说，至少在元代，它已经是我国的领土。"

对方强词夺理："时间太短了。"

周总理严肃地说："我国的元代离现在已有700多年的历史，如果700多年都被认为时间短的话，那么，美国到现在只有100多年的历史，是不是美国不能成为一个国家呢？这显然是荒谬的。"

印方代表哑口无言。

一位西方记者问周总理："请问总理先生，现在的中国有没有妓女？"不少人纳闷：怎么提这种无理的问题？大家都关注周总理怎样回答。周总理肯定地说："有！"全场哗然，议论纷纷。周总理看出了大家的疑惑，补充了一句："我国的妓女在我国台湾省。"顿时掌声雷动。

外国记者不怀好意地问周总理："在你们中国，明明是人走的路为什么却要叫'马路'呢？"周总理不假思索地答道："我们走的是马克思主义道路，简称马路。"

美国代表团访华时，曾有一名官员当着周总理的面说："中国人很喜欢低着头走路，而我们美国人却总是抬着头走路。”此语一出，话惊四座。周总理不慌不忙，面带微笑地说：“这并不奇怪。因为我们中国人喜欢走上坡路，而你们美国人喜欢走下坡路。”

一个西方记者说：“请问，中国人民银行有多少资金？”周总理委婉地说：“中国人民银行的货币资金嘛，有18元8角8分。”当他看到众人不解的样子时，又解释说：“我国人民银行发行的为面额10元、5元、2元、1元、5角、2角、1角、5分、2分、1分的10种主辅人民币，合计为18元8角8分……”

人生小语

周总理的事迹我们已耳熟能详，他的外交智慧更是令人神往。周总理不管在何种场合，遇到什么样的对手，都能唇枪舌剑，以超人的智慧应付自如，对手甭想占到便宜。美国前总统尼克松说，周总理在谈话中有4个特点：“精力充沛，准备充分，谈判中显示出高超的技巧，在压力下表现得泰然自若。”周总理的口才蜚声海内外，他应变的机敏，非凡的气魄，犀利的言辞，柔中有刚，就连敌手也情不自禁地露出赞叹之词。周总理的灵活外交方式，为新建立的中华人民共和国树立了良好的国际地位。

刎颈之交

谭嗣同（1865~1898年）是中国近代维新派的政治家、思想家，湖南浏阳人，“戊戌六君子”之一。唐才常（1867~1900年）也是清末维新派人物，也是湖南浏阳人。他们在共同的革命生涯中，结下了深厚的友谊。

1877年，谭嗣同随曾祖父返回老家浏阳，在与亲友的交往中结识了唐才常，二人一见如故，倾谈甚是融洽。论年龄，谭嗣同比唐才常大两岁；

论亲戚辈分，谭嗣同比唐才常还高一辈，可是他们却以兄弟相称。他们俩又同在当时著名学者欧阳中鹄先生门下求学，同窗共砚，砥砺学业，从此结为“刎颈交”。

谭嗣同

他们之间的思想和志趣极为契合。他们为了振兴农业，以改变农民靠天吃饭的落后状况，曾购买洞庭湖区的三仙湖淤积地，取名“谭家洲”，作为以后开垦农场的准备。1895 年湘东的平江、醴陵、浏阳一带发生大旱，赤地千里，饥民号泣。谭嗣同和唐才常在欧阳中鹄先生等的支持下开办浏阳南乡煤矿，以工代赈。谭嗣同让唐才常负责办矿，他则奔走于湘鄂之间，采购粮食，广为赈济，使许多饥民得以度过灾年。

他们都极力主张维新变法，革故鼎新，以挽救国家和民族的危亡。1897 年，谭嗣同与唐才常等人在长沙办时务学堂，聚集有识之士，共商国家大政，寻求救国救民的真理，编辑《湘学报》，次年又创办《湘报》，宣传变法维新，唤醒民众，拯救民族危机。在共同革命生涯中，他们互相鼓励，互相支持，两人的友谊更加深厚。

1898 年 5 月，谭嗣同奉光绪皇帝的诏令，赴北京参与变法，与慈禧太后为首的顽固派发生尖锐、激烈的矛盾斗争，形势非常严峻，谭嗣同急电唐才常到北京共商大局，以扭转维新派的不利局势。唐才常接到电报后，立即赶赴北京，不料，他刚到汉口就听说北京发生政变，谭嗣同被害，大局无可挽救。唐才常对友人的遇难非常悲痛；对维新运动的失败，心中极其苦闷、失望。为逃避清政府的通缉，他流亡日本。

但是，唐才常很快就从彷徨和失望中振作起来，决心以天下为己任，继承谭嗣同烈士的遗志，担负起烈士的未尽事业。从日本回国后，他吸取袁世凯出卖维新派的血的教训，深刻认识到建立军队的必要性，开始在长江一带联系哥老会，筹备组织“自立军”。1900年7月“自立军”组成，在汉口英租界设立总机关，他自任自立军总指挥，决定同年8月9日各路同时起义。由于华侨捐款没有及时接济，自立军缺乏军费、给养，唐才常只好一再延迟起义。当时担任湖广总督的张之洞侦知到了自立军的活动，先发制人，勾结帝国主义，于8月21日清晨，派兵围搜汉口各自立军机关。唐才常闻讯，像谭嗣同一样，毫不畏惧，坚坐待之。有人劝他逃走，他说：“我早已誓为国死！”不久，张之洞派兵赶到，逮捕了他。唐才常在法庭上，痛斥慈禧太后的罪状，大义凛然，视死如归，不让反动统治者从他身上得到一点便宜。当晚，唐才常在武昌就义。与谭嗣同被害时一样，他们同为34岁。

“七尺微躯酬故友，一腔热血洒神州”。这是唐才常就义之前写下的诗句，实践了不惜以死酬答故友的夙愿，读来感人至深。

谭嗣同与唐才常为了变法事业，结为“刎颈交”，也是为了变法事业，他们相继献出了自己年轻的生命，成了真正的“刎颈交”。

人生小语

朋友有很多种，刎颈之交是古人朋友义气的表现。今天的社会文明法制，交朋友已经不用“刎颈”了，但这种为朋友为革命挺身而出、肝胆相照的精神还是很令人敬佩的。

诤　友

袁枚（1716～1798年），清朝中期著名诗人，字子才，浙江钱塘（今杭州）人。小时候，袁枚家里很穷，5岁时跟在姑母身边识字听故事，初通事理，7岁正式入学，聪明勤勉过人。乾隆四年（1739年），袁枚中进士，此后，曾先后担任江苏溧水、江浦、江宁等县的县令。后来辞官，在南京小仓山修筑“随园”，以读书、作诗、交友为乐，因此别号“随园老人”。他在诗歌理论方面有重要贡献，创性灵说，主张作诗要抒写真情，反对重格律、用典故的形式主义。他的诗歌大多抒写闲情逸致。有《小仓山文集》《随园诗话》等著作传世。

袁枚先后在江苏、陕西当过5个县的县令，为官清正，不避权贵，从不干扰百姓，能处处为老百姓着想，爱民如子，深得当地百姓的拥戴。一次，当地一位大将军家的仆人，仗势欺人，在街上打伤无辜，袁枚毫不畏惧，严惩了那位大将军的仆人，老百姓拍手称快。他所任之处留下了一连串的政绩。但是，袁枚还是觉得当县令忙于被人驱使，不能很好地畅遂其意，为百姓办事，加上仕途曲折，于是他决心以文章报国，专心致力于创作，因而以回家侍奉母亲为名，辞去官职，隐居随园。

袁枚对母亲很孝顺，乐于帮助姊妹亲戚，特别是对朋友感情真挚，能坦诚相见，不忘旧友，对朋友的过错也不留情面，因此，他的朋友很多，交谊也很好。袁枚有一位很富的朋友，但是这位朋友有了钱不珍惜它，总是倚仗自己有钱，胡作非为，毫无顾忌，横行乡里，当地百姓深受其害。袁枚知道了这个情况，心中很不平静，认为朋友之间不是吃喝玩乐，以酒肉相交，而应该把友情建立在道义的基础上，真正做到互相帮助与关心。发现朋友有缺点时，不应无原则地一团和气，而应该帮助他改正，共同向善，这样的朋友才是真正的朋友。因此，他感到自己有责任和义务规劝这位为富不仁的朋友。

于是，袁枚就给这位朋友写了一封信，劝诫他说："钱不是衡量一个人的标准，一个人是否富有也不在于钱的多少，而在于如何使用它。善于用钱的人，钱虽然不多，但他除维持生活外，还能好善乐施，用余下的钱买来粮食救济穷人，积德行善，这样每一文钱都能发挥它的作用，给自己和他人都带来好处，这种人才算是真正富有；而不善于用钱的人，他的钱虽然很多，但他用钱去干一些不仁不义的事情，这样除了会招来妻子和仆人的怨言外，还会招灾惹祸，给自己带来不幸，这样用钱就不当了。到头来，他虽然钱很多，但每一文钱不仅没有给别人带来好处，反而给别人和自己带来危害。其结果是钱越多，危害就越大。这种人的富有不能给自己造福，实际上还对自己有害。你现在的作为，真令我担忧啊！"

这位很富的朋友看了袁枚的信，很受震动，他由此反省自己的过失，逐渐收敛了自己的行为，开始做一些积德行善的事情。人们都称赞袁枚对朋友坦诚。

人生小语

真正的朋友是一生的财富，诤友之所以可贵，就在于他们能以高度负责的态度，坦诚相见，对朋友的缺点、错误决不粉饰，敢于力陈其弊，促其改之。诚如古人说："砥砺岂必多，一璧胜万珉。"意思是说，交朋友不在多，贵在交诤友。如果能结识几个诤友，那么前进的道路上，就会少走弯路，多出成果，事业发达。然而，在各种各样的朋友中，最难结交的便是诤友……

忘年交

章太炎与邹容都是中国近代史上著名的革命志士，他们虽然相差16岁，却在革命斗争中结下了兄弟般的情谊，为世人所传颂。

章太炎

章太炎（1869～1936年），中国近代民主革命家、思想家，名炳麟，号太炎，浙江余杭县人。1897年与汪康年、梁启超、夏曾佑等人一起创办《时务报》，宣传民主思想。因参加维新运动，受到清政府的通缉，于1989年辗转台湾逃亡日本，1902年与蔡元培先生创办上海爱国学社，1903年初发表了著名的《驳康有为论革命书》，走上了民主革命的道路。

邹容（1885~1905年），中国近代民主革命烈士，原名绍陶，字蔚乙，四川巴县人。1902年留学日本，参加留日学生爱国运动，1903年春回国，在上海爱国学社写成《革命军》一书，宣传革命是“天演之公例（社会发展的必然规律）”，号召推翻腐朽的清朝统治，建立中华共和国。

章太炎与邹容就是在上海爱国学社相识的。两人都立志革命，志趣相同，很谈得来。邹容写好《革命军》一书后，送给章太炎看，并请他作序，这时，章太炎已发表《驳康有为论革命书》，与邹容的《革命军》的观点很是投合。章太炎看了《革命军》之后，拍案叫好，欣然接受了邹容的请求，为《革命军》作序，并帮助他于1903年5月在上海大同书局出版。章太炎又把邹容的书推荐给当时的革命报纸《苏报》，5月14日，《苏报》发表《读<革命军>》一文，阐述《革命军》一书的观点。从此，二人的友谊更是深笃。章太炎当时35岁，邹容19岁，两人相约结为兄弟之谊，成了“忘年交”，立志为革命事业携手奋斗。

《革命军》一书出版，《苏报》又发表文章加以宣传，使邹容和他的《革命军》一书影响日增。清政府非常恐慌，下令查禁《革命军》，又勾结上海帝国主义租界当局，查封了《苏报》，通缉章太炎、邹容以及《苏报》负责人陈范、爱国学社负责人蔡元培。这就是著名的“苏报案”。陈、蔡二人逃到国外，章太炎被捕。邹容因当时不在家，得到通报后，隐蔽在虹口的一个英国传教士家里。

1903年（清光绪二十九年）6月30日，反清斗士、革命家章太炎被捕，关在上海英国的巡捕房里，罪名是他为邹容的《革命军》一书写序言，而《革命军》一书在清政府和英美帝国主义者看来，是一本犯上作乱的书。清政府还要逮捕书的作者邹容。

这时邹容已在友人的帮助下躲起来，但当听说章太炎被捕的消息后，不愿让自己敬重的战友、老师一个人承担责任，他自动到英国巡捕房去坐牢，两人同被关在帝国主义的监狱里。

在这暗无天日的牢狱里，这一对战友、师生受尽了酷刑的摧残、人身的侮辱和苦役的折磨，但他们坚贞不屈，互相支持，互相激励，决心把推翻清王朝统治的斗争进行到底。

一天，章太炎写了一首《狱中赠邹容》的诗，诗是这样写的：

邹容吾小弟，披发上瀛洲（日本）。
快剪刀除辫，干牛肉作糇（干粮）。
英雄一入狱，天地亦悲秋。
临命须掺手，乾坤只两头。

最后两句诗的意思是：即使是死的时候，我也要和你携起手来同死；天地间我们两人立志革命，扭转乾坤，挽救祖国的危亡。

这首诗给了邹容很大的鼓舞，他也回了一首《狱中答西狩》（西狩即章太炎）的和诗，诗的最后四句是：

一朝沦为狱，何日扫妖氛？
昨夜梦发汝，同兴革命军。

从诗中可以看出，邹容和章太炎一样，反对腐败清政府的意志是多么的坚强。

在监狱里，他们吃的是麦麸饭，粗糙难咽，消化不了，还时常挨打。章太炎说："我们身体都很虚弱，又不能忍受这种凌辱，肯定不能活着出去了。与其被他们凌辱而死，还不如现在以死来抗争，这样，即使死了，也还算有所作为。"邹容表示同意，但章太炎又说："你判 2 年，我判 2 年，你又比我年轻，应该活着出去，继续为革命事业去奋斗。"邹容不赞成，抱着章太炎痛哭起来，说："你我兄弟，情同手足，应该同生死，共患难，为了革命事业我们还是应该活下去，要死的话，我们也应该一同赴难，小弟在所不辞。"章太炎为抗议监狱当局的迫害而准备绝食，邹容不同意采取这种斗争方式，更不愿章太炎为救自己而做出这种选择，一直苦言相劝，并悉心照顾已开始绝食的章太炎。后来，在邹容的耐心劝说下，章太炎最终放弃了绝食。

他们入狱一年，同狱的 500 人中有 160 多人病死、饿死或被活活打死，由此可见他们的境况之惨！狱卒对他们的态度也与日粗暴，稍有一些不顺眼，就用棍棒乱打，或施以酷刑。章太炎先因不满狱卒欺凌，被毒打了两次，后因给狱外写信，又被毒打3次，轻的就无法计算了。邹容也挨了不少打。他们每次挨打时，气愤不已，无法忍受这种迫害，总是以拳还击，或者夺下狱卒手中的棍棒打狱卒，每每这样，他们受到的惩罚就更惨烈。每次发生这样的事后，他们都相互照顾，相互安慰，激励对方坚持斗争。俗话说，不怕死者勇。狱卒知道他们是不怕死的人，也不敢再轻易打他们了。

邹容年少坐牢，狱卒欺侮他小，多次打他，他心里总是处于激愤之中，吃的又是些麦麸饭，饿得面黄肌瘦，多次拉肚子，于1905年正月就病倒了。他整天整天地发烧，昏昏欲睡，心里烦闷又睡不着，半夜常常自言自语，通宵达旦处于头脑不清醒状态。章太炎很着急，白天黑夜地照顾他。章太炎读过一些医书，知道邹容需吃黄连、阿胶、鸡蛋加以调理，才可痊愈。他向监狱长提出自己为邹容治病，不允许；他又提出请医生，还是不允许。这样，邹容病了40天，1905年农历2月29日（公历4月3日）半夜，死在狱中，时年21岁。

当天晚上，章太炎照料邹容到深夜，疲惫不已，就模模糊糊地睡着了，待到天亮时，发现邹容已经去世，他悲痛欲绝，抚尸痛哭，悲恸之音，感人泪下。他们为了革命事业相识相知，走到了一起，也是为了革命事业，他们一起坐牢，相伴牢中，结下了深厚的友谊。没想到这位血气方刚、才华横溢、比他小16岁的可爱的年轻人，却先他而去了，他怎能不声泪俱下呢！

一年后，章太炎出狱赴日本。在日本，他成立了光复会，自任会长，后又参加了孙中山先生的中国同盟会，为革命事业战斗不息。无论到哪里，他都没有忘记曾与自己生死与共，为革命事业献出年轻生命的邹容。为了怀念和纪念邹容这位为革命事业献身的革命志士，章太炎还先后写了《邹容传》《赠大将军邹君墓志表》等文章，以此来激励、鞭策自己和同胞，革命到底，忠贞不渝。

人生小语

忘年交：打破年龄、辈分的差异而结为朋友。毋庸置疑，青年人交上年长的朋友，能够从年长者身上学到很多极为宝贵的经验，以此来弥补自己的某些缺陷与不足，丰富知识、吸收阅历，逐步使自己走向成熟，健康地成长起来；而年长者交上青年朋友，也会从青年人身上学到、沐浴到希望的阳光，仿佛浑身充满了青春的活力，找到了自己从前的影子。他们通过交往、畅谈、叙说或互帮互学、做些事情，往往会消除“代沟”的阻隔。

生存适应能力

自残与生存

北美原始丛林里，有一种大熊。当它被狩猎者布设的力紧齿锐的夹子夹住后，它会用尖锐的牙齿啃断个人的爪骨。之后，便遁躲起来，用舌头舔伤。

有一种解说：熊是在伺机报仇。它在等待狩猎者出现，而后去攻击他，以报残爪之仇。

而当地的狩猎者说，熊根本没有报仇的念头。受伤后，熊只记着：残了，也要好好活下去！

大熊之所以残了也要好好活着，应该是源于它对狩猎者的宽容。这样一种视角，作家梁晓声先生的话就能定位：即使你是一头熊，也只有 4 只爪子。如果被夹掉一只又被夹掉一只，报仇和宽容实际上对你都没有区别了。

竞争的时代，我们无法拒绝被伤害。有时，甚至眼睁睁看着智慧被夺走，成就被贬低，爱情被摧残……屡屡遭遇锱铢必较的抑郁，以及阴险的谋算，我们的努力与真诚换回的可能仅是一地破碎。

人活在世上，不能不在乎某些东西。于是，伤害过我们的人，你就反其道而行之，用几倍的伤害重创他们。心理得以平衡之后，有一天你又被伤害，你又在报仇。周而复始，我们终日被报仇充斥，成了报仇的囚徒。苍白了信仰，空虚了精神，丢掉了理想，可惜了美德，得到的只是伤害。

人生小语

人类虽然是万物之灵长，却经常表现得懦弱无能。若讲生存能力，我们常常还要向动物学习。

穿越死亡求生存

一位有钱人在非洲某地狩猎，经过几个日夜的周旋，一匹狼成了他的猎物。在向导准备剥下狼皮作为纪念品时，有钱人制止了他，问："你认为这匹狼还能活吗？"向导点点头。有钱人打开随身携带的通讯设备，让停泊在营地的直升机立即起飞，他想救活这匹狼。

飞机载着受了重伤的狼飞走了，飞向500千米外的一家医院。有钱人坐在草地上陷入了沉思。这已不是他第一次来这里狩猎，不过从来没像这一次给他如此大的触动。过去，他曾捕获过无数的猎物——斑马、小牛、羚羊甚至狮子，这些猎物在营地大多被当做美餐，当天分而食之，但是这匹狼让他产生了"让它继续活着"的念头。

狩猎时，这匹狼被逼到一个近似于"丁"字形的岔道上，正前方是迎面包抄过来的向导，他也端着一把枪，狼夹在中间。在这种情况下，狼本来可以选择岔道逃走，不过它没有那么做。当时有钱人很不明白，狼为什么不选择岔道，而是迎着向导的枪口冲过去，准备夺路而逃？难道那条岔道比向导的枪口更危险吗？

狼在夺路时被抓住，它的臀部中了弹。面对有钱人的迷惑，向导说："埃托沙的狼是一种很聪明的动物，它们知道只有夺路成功，才有生的希望，而选择没有猎枪的岔道，必定死路一条，因为那条看似平坦的路上必有陷阱。这是它们在长期与狩猎者周旋中悟出的真理。"

有钱人听了向导的话，非常震惊。据说，那匹狼最后被救治成功，如今在纳米比亚埃托沙丛林公园里生活，所有的生活费用由那位有钱人提供，因为有钱人感激它告诉他这么一个真理：在这个相互竞争的社会，真正的机会也会伪装成陷阱。

人生小语

狼在夺路而逃的瞬间，它想到了什么？是生存。它为了生存放弃了没有障碍的岔道，选择了有枪口把守的险道。因为这里才有生的机会，哪怕这个机会非常渺茫。面对选择，多给自己留一些余地，不管前方是否布满荆棘，也要冲过去。只有闯过难关，才有生的可能。

鲁滨孙漂流记

《鲁滨孙漂流记》是笛福写的一部世界名著，是一部很受欢迎的关于生存的小说。

主人公鲁滨孙出身富贵，但他毅然抛弃安逸舒适的生活，甘愿与海浪为伍，去实现自己的航海梦想。他航行到过伦敦，到过非洲，还到过巴西，途中曾被海盗劫持做过奴隶，但最终化险为夷。一次，他在去往非洲购买奴仆的航行中，不幸遇上大风暴，全船覆没，只有鲁滨孙幸免于难，飘流到一个荒无人烟的小岛上，从此开始他长达 28 年的孤岛生活。在苍凉寂寞的荒岛，鲁滨孙以他勇于冒险、敢于创造的精神，独自一人与困难和艰险斗争，终于创造出了自己的一片天空。在荒岛上，鲁滨孙用自己的双手建立了房屋、篱笆，还学会了做衣服、器具等生活必需品。他还把山羊、鹦鹉等野生动物圈养起来，用剩余

《鲁滨孙漂流记》插图

的一点种子经过反复的播种，吃到了自己种的粮食。他还搭救了一名年轻的土人，并给他取名为“星期五”，把他收作仆人。终于，他把原本荒凉的小岛建造得美丽而富饶，人非但没有被困境压倒，反而过上了自得其乐的生活。一直到第28个年头一艘英国船来到该岛不远处，鲁滨孙帮助船长制服了叛乱的水手，才返回英国。这时他的父母双亡，鲁滨孙收回他巴西庄园的全部收益，并把一部分赠给那些帮助过他的人们。

人生小语

青少年也应该像鲁滨孙那样，要勇于向世界挑战，不被打垮，压力越大越顽强，要勇于斗争、勇于行动、勇于挑战、勇于追求，这样才能塑造一个顽强的自我，一个依靠个人的双手生活的自我。

蟑螂一样的生存能力

蟑螂的生存能力有多强？从下面的数据可以看出来。一只成熟的雌蟑螂每隔7～10天即可产出一只含有14～40粒卵的卵鞘，其卵鞘为胶质体，20～37℃孵化。温度越高，孵化时间越短，在30℃恒温时，只需20～30天，而长的可超过3个月，一只雌蟑螂一年可繁殖近万只后代，最多可达10万只，在极端条件下没有雄蟑螂时，雌蟑螂也能产卵。

有趣的是，有位当代富豪也自称自己像蟑螂一样生存，他是谁呢？

郭台铭是台湾非常有名的企业家，是台湾第一大企业鸿海精密、华人第一大民营科技集团富士康科技集团，以及永龄文教慈善基金会创办人。他1971年进入台湾复兴航运公司工作，1974年成立鸿海塑料企业有限公司，资本额30万元，生产黑白电视机的旋钮；1985成立美国分公司，创立富士康品牌；2001美国《福布斯》全球亿万有钱人排行榜上位列第198名；2002年入选美国《商业周刊》评选的“亚洲之星”。

1974年，24岁的郭台铭和几个友人在台湾建立了一家鸿海塑料企业有限公司，一起承接塑料零件订单。公司成立不久，马上遭遇了经济危机，原材料价格上涨，经营十分困难。合伙的友人决定放弃，然而郭台铭不肯，就借钱盘下了这家公司。这就是富士康帝国的开始，郭台铭的第一份生意主要从事电视机相关零件的制造。刚刚起步，郭台铭就受困于技术难关：工厂技术度依赖模具师傅。郭台铭拿着刚刚累积的几十万资金，就开始盘算是否要投资模具工厂。

在当时，台湾经济大环境已经发生改变。其他不少企业家趁着台湾经济起飞，有的炒地皮，有的囤积原料，都在等价格好时大赚一笔。

和所有累积了第一笔不多资金的企业家一样，郭台铭也在考虑着，这一笔资金到底是去赚快钱还是去做实业？

然而郭台铭放弃了后来涨了数倍的土地买卖机会，选择投资建厂，引进新设备，和信赖的员工摸索生产工艺和流程。这个过程非常辛苦，每天辛苦加班到深夜。以至于创业的前几年，郭台铭都在问自己："我的决定是正确的吗？"

靠着第一批模具机器和技术积累，鸿海开始和台湾前 10 大制造商有了业务往来，开拓了第一批生意。

于是，郭台铭省吃俭用，累积下来的资本金不断被投入到购买更精良的设备上。1984 年，鸿海从美国引入高级设备，整整花掉了公司一年收入的 1/10。

不仅如此，随后的几年，相继从瑞士引进高级设备，聘请日籍顾问，又引进日本的精密机械技术。公司人员不到千人，郭台铭更慷慨地花大笔资金送员工到海外学习。

人生小语

和广大的国内中小企业一样，既拿不到太多的政府扶持，也无法拿到银行的信贷，仅仅依靠小额资本不断推动企业发展。鸿海前 10 年的创业，完全依靠鸿海"有蟑螂一样的生存能力"。螳螂的生存是靠繁殖，青少年的生存需要扎扎实实地学习。

接受和适应环境

一位很有名气的老教师，一天在给学生上课时拿出一只十分精美的茶杯。当学生们正在赞美这只杯子的独特造型时，教师故意做出失手的样子，杯子掉在地上成了碎片。学生中发出了惋惜之声。教师指着杯子的碎片说："你们一定对这只杯子感到惋惜，不过惋惜无法使杯子再恢复原型，今后在你们生活中如果发生了无可挽回的事情，请记住这只破碎的杯子。"

青少年们应该通过破碎的杯子，懂得人在无法改变失败和不幸的厄运时，要学会接受它，适应它，忘记它。

有一则寓言：

园丁有一匹马，虽然它的活儿很多，但饲料很少。于是它乞求上天为他另找一位新主人。

这个愿望很快实现了。园丁把马卖给了陶器匠，马很高兴。不料陶器匠那儿的活儿更多，马又抱怨自己的命不好，乞求上天再为他另找一位好主人。

这个愿望也实现了。陶器匠把马卖给了皮革匠。当马在皮革匠的院子里看见马皮的时候，大声哀叹道："唉，我这个可怜虫，还不如跟着原来的主人好。看样子把我卖到这里不是要我干活儿，而是要剥我的皮。"

人生小语

学会适应环境，顺其自然，不再为当前的事情发愁，与其焦虑未来莫测的前途，不如踏踏实实地做好眼前的事情。眼前的事情做好了，一切自然就会好起来。

聪明也怕生存难

19 岁的 D 同学以 668 分的高考成绩，成为沈阳高考第一名。但不会换乘公交车、不会系鞋带、不会洗衣服的他让爷爷奶奶很是担心，于是在进入清华大学之前，家人不得不对他进行一场“特殊的培训”……

家人不放心是有理由的。学习上一堆荣誉，生活中一地鸡毛，这样的同学大有人在。某某考进名牌大学却因无法独立生活而被学校“责令退学”的事情，在全国都引起了讨论。

学习能力和生活能力是两条腿，断了哪一条都不行。

D 同学从小就和爷爷奶奶住在一起，除了学习，家人并不指望他做什么，日常的家务活爷爷奶奶全包了，从不让 D 同学插手。即便高中住校 3 年，趁着每周休息日，爷爷奶奶也一直坚持让他把需要换洗的衣服打包背回家。

“我们洗呗。为啥？好让他腾出时间，把更多的精力用在学习上，这才是要紧的呀！”老人说。脸上喜悦尚未散去，接着就叹了口气，“他啥都不会，自立能力确实差，刚入学倒还好办，送他去北京把该置备的东西安排妥了就成，可往后咋整啊……”

于是，老两口决定利用上大学之前的这段时间，集中培训 D 同学的“生存能力”，小到如何洗衣服，怎么换乘公交车，大到怎么待人接物，与人沟通，不一而足。

人生小语

如今的青少年大多数是独生子女，平常养尊处优，基本上不必为生存发愁，有个把成绩好的，立刻被捧上了天，汗毛都不敢动一根。这样培养出来的青少年是娇嫩的、脆弱的。

留学考验生活能力

2007年，小薇（化名）开始了在俄罗斯莫斯科的出国留学生涯。这是18岁的小薇第一次离家，在一个完全陌生的环境重新适应另外一种独立生活。高考落榜后，小薇无奈地接受了父辈们的留学安排，去俄罗斯。

初到莫斯科，好奇的心情很快就被孤寂感打败，随之而来的生活压力和学习挫折，更让她觉得彷徨而消沉，甚至有放弃学业收拾行李回家的冲动。

“这里的天气叫人特别难适应，灰蒙蒙终日不见阳光。我到达后不久，俄罗斯步入了冬季，下午4点天就黑了，四周冰天雪地，冷得不得了。我吃不好睡不好，又想家，想念一家人在家吃火锅的情形，想念家乡的一切，想要父母代购点东西过来又怕父母担心自己在这边不习惯，为省钱不敢随便打长途电话，住的宿舍是老房子，通信系统又差，网络常被切断。”小薇说，她等于和家人友人失去了联系。那段日子真的很不快乐，心情跌到谷底，人也变得非常忧郁。

最让她无法忍受的是学校的食堂。每天只卖午饭，营业时间只有3个小时。买菜不知该买什么，想买点家用调料和火锅底料之类的都买不到，就买土豆和面包。想“淘宝”代购点过来，又省不了钱，所以一连吃了一个多月的油煎土豆片，也不知道换换样。

做饭时经常出错，不是碰着胳膊就是烫着手，虽然在家时多次见过父母做饭；洗衣服经常弄得满屋是水；扫地还不如没扫时干净。

看着同屋的印度同学又是吃又是喝，再看看娇生惯养的自己，在国内时哪受过这种罪？一个星期下来弄得自己“惨不忍睹”。想通过“留学快递”让家里寄点东西过来，几次拿起电话，想向父母诉苦，但一想，除了给父母增加心理负担外，还能增添什么？于是她忍了又忍，经常是拿起电话又放下。两个月过去了，她竟然也学会了买菜、做饭和洗衣服。

人生小语

留学生们的年纪很多只有10多岁到20来岁，离开家的保护伞，来到一个充满文化差异的陌生环境，人生地不熟，且没有家人的呵护，所以想出国的青少年一定要培养个人的日常生活能力和适应能力。

行动力

少说话多做事

一群耗子吃尽了猫的苦头，它们召开全体大会，号召大家贡献智慧，商量对付猫的万全之策，争取一劳永逸地解决事关大家生死存亡的大问题。

众耗子冥思苦想。

他们有的提议培养猫嚼鱼吃鸡的新习惯，有的建议加紧研制毒猫药，有的说……

最后，还是一只老奸巨猾的耗子出的主意让大家佩服得五体投地，连呼高明。那就是给猫的脖子挂上个铃铛，只要猫一动，就有响声，大家就可事先得到警报，躲藏起来。

这项决议终于被投票通过，但决策的执行者始终产生不出来。

高薪奖励、颁发荣誉证书等办法一个又一个地提出来。

但无论什么高招，好像都无法将这一决策执行下去。

至今，耗子们还在各种媒体上争辩不休，也经常举行会议……

人生小语

生活的改变不是幻想和讨论就可以实现的，在你拿出行动之前，什么都不会改变。

生命就是在不断的等待中耗费的，赶快行动吧！强者是不需要过多的思量与权衡的，行动是成为强者的不二法则。

行动才能制胜

沙伦是一个小姑娘，不过她有一个坏习惯，像很多拖沓的孩子那样，她每做一件事，都把时间花在不必要的准备工作上，而不是马上行动。

和沙伦住在同一个村子里的苏敦先生有一家水果店，里面出售本地产的草莓这类水果。一天，苏敦先生对贫穷的沙伦说："你想挣点钱吗？"

"当然想，"她回答，"我一直想有一双新鞋，可家里买不起。"

"好的，沙伦。"苏敦先生说，"格林家的牧场里有很多长势很好的黑草莓，他们允许所有人去摘。你去摘了以后把它们卖给我，1 夸脱我给你 13 美分。"

沙伦听到可以挣钱，非常高兴。于是她迅速跑回家，拿上一个篮子，准备马上就去摘草莓。这时，她不由自主地想到，先算一下采 5 夸脱草莓可以挣多少钱比较好。于是她拿出一支笔和一块小木板，计算结果是 65 美分。

"要是能采 12 夸脱呢？"她计算着，"那我又能赚多少呢？""上帝呀！"她得出答案，"我能得到 1 美元 56 美分呢。"

沙伦接着算下去，要是她采了 50、100、200 夸脱，苏敦先生会给她多少钱。她将不少时间花费在这些计算上，很快已经到了中午吃饭的时间，她只得下午再去采草莓了。

沙伦吃过午饭后，急急忙忙地拿起篮子向牧场赶去。而许多男孩在午饭前就到了那儿，他们快把好的草莓都摘光了。可怜的小沙伦最终只采到了 1 夸脱草莓。

回家的途中，沙伦想起了教师常说的话："办事得尽早下手，干完后再去想。因为一个实干者胜过 100 个空想家。"

人生小语

天下最可悲的事情就是后悔。许多人把不成功归结到当时没有去行动。为了避免类似的事情发生，就必须在有了创意时马上执行，行动才是制胜的根本。

成功必须脚踏实地

爱因斯坦为了物色助手，从一个村子里找了两个人：一个愚钝，一个聪明。爱因斯坦找了一块两英亩左右的空地，要求他们使用同样的工具比赛挖井，看谁最终先挖到水。

愚钝的人二话没说，便脱掉上衣大干起来。聪明的人稍做选择也大干起来。两个小时过去了，两人都挖了两米深的井，竟然没见到水。聪明的人断定这个选择是错误的，便另选了一块地方重挖。愚钝的人仍在原处挖，但身体渐渐有些吃不消了。两个小时又过去了，愚钝的人仍在原处吃力地挖着，而聪明的人又开始怀疑自己的选择，就又选了一块地方重挖。又过了两个小时，愚钝的人挖了半米，而聪明的人又挖了两米，此时两人均未见到水，这时聪明的人便泄气了，断定此地无水，便放弃挖掘，离去了。而愚钝的人虽然也支持不住了，他仍坚持在原地挖掘，在他刚把一锨泥土掘出时，奇迹出现了，只见一股清水汩汩而出。结果，这个愚钝的人被爱因斯坦选做助手。

后来爱因斯坦说：有时成功需要一种近乎愚钝的力量，那就是锲而不舍，扎扎实实！

愚钝的人以个人的扎实肯干博得了爱因斯坦的青睐，而且为自己开拓了一条成功的道路。

人生小语

事实证明：成功从来不是一蹴而就的，它必须经过一步一个脚印，踏踏实实的努力方能获得。爱因斯坦寻找助手的故事很能说明问题。踏实应该为我们每个人的过去、现在和将来的发展打下坚实的基础。“踏踏实实做事，老老实实做人”应该成为我们每一个人的座右铭。

务实性格与成功

要说谁是世界宾馆业的龙头老大，非希尔顿莫属。事实上，没有谁能够真正知道希尔顿拥有多少财富，但从这个有钱人所拥有的宾馆王国的规模来看，称他为世界“宾馆之王”一点也不过分。

希尔顿在全世界拥有的豪华宾馆除了分布在美国外，在波多黎各、巴拿马、墨西哥、西班牙、土耳其，在布鲁塞尔、悉尼、曼彻斯特、香港等地到处都可以感受到希尔顿的宾馆在家门口的辐射力。

但是，鲜为人知的是，出身寒微的希尔顿从一生下来就讨厌旅馆，那么，是什么原因促使他从事宾馆业的呢？又是什么原因使他的事业蓬勃发展起来的呢？

希尔顿原来开了一个只有 5 个房间的小旅馆，工作的艰辛和就业的压力使当时只有 20 岁的希尔顿打算开银行。但是，他的银行刚开张不久，第一次世界大战就爆发了，他被迫放弃银行生意参了军，以中尉军官的身份开赴海外作战。战争结束时，他退役回家，带着 5000 美元想在银行界求发展。不过无情的生活又一次击碎了他的梦想：银行的利息只够混饭吃，哪来钱实现个人的伟大抱负？

就在他束手无策时，他得知得克萨斯州发现了石油，有人在那里采挖石油，一夜之间就成了百万富翁。这个消息使希尔顿怦然心动，他想冒一次险。于是，年轻的希尔顿筹集了 3.7 万美元的资金来到了得克萨斯州的塞斯库镇，这是当时石油开发区的一个新兴城镇。然而，他一踏上塞斯库镇就感到失望了，他这点钱用于石油开采简直是杯水车薪。此时的希尔顿已经 31 岁了，而立之年仍无所成就，甚至还没有确定个人事业的方向，一想起这些他就烦躁不安。他想，也许只有脚踏实地地干下去才能摆脱现在窘困的状况。

这一天，闲逛了一天的希尔顿又困又乏地来到一家叫玛布雷的旅馆里，想找个房间休息一下，但旅馆已客满，每个房间不单住满了人，而且店里还规定一个房间一天一夜分 3 次出租，每个人只准住 8 个小时，也就是说，住一天一夜就要付其他地方旅馆的3倍房租。尽管如此，很多找不到房间的人宁愿花这样的钱睡在旅馆的桌子上。

这种情况使希尔顿非常吃惊，他以前开的旅馆可从没出现过这种情形。在同店老板聊天中，得知他打算卖掉这个店去采挖石油。希尔顿此时已决定重操旧业，他同店老板商谈，一口敲定，用他身上的37000美元买下了玛布雷旅馆。从此，希尔顿拥有了他个人的第一个旅店，为他未来的宾馆王国奠定了一个初步的基础。

希尔顿有句名言叫：“最低的消费，最高的服务。”他非常注重社交礼仪和改善服务质量。他的玛布雷饭店经过重新装修开张后，忽然一个女顾客向他提出抗议，她说厕所门上写“女人”而不写“女士”是对她的侮辱。希尔顿听了之后连连向她道歉，并立即派人把“女人”改成“女士”，还把男厕所的“男人”改成“男士”。

希尔顿有一个伟大的发展计划，他决定每年建造或购买一个旅馆，并以得克萨斯州为中心向各地扩展。

希尔顿的经营才华在他建造达拉斯希尔顿饭店时显露出来。这个饭店的建筑费需要100万美元，但是希尔顿没有那么多钱，工程开工不久就因资金不足而停建了。希尔顿对此并没有惊慌失措，他找到卖地皮的大房地产主杜德，凭着他想当国会议员时练就的口才，三言两语竟说动对方按照他设计的结构将房子盖好，然后再以分期付款的方式把房子卖给他。

这事听起来似乎不可思议，但细一分析也就不足为怪了。希尔顿和杜德以前没有什么交情，他告诉杜德，假如他的房子不能如期建成，那么杜德那些不远的地皮价格就会下降；假如人们认为已经颇有财力的希尔顿停止施工是在考虑另迁新址，那么杜德的地皮就更不值钱了。而假如杜德出钱先把房子盖起来，人们不但认为希尔顿财力不凡，而且认为他眼力好，会选择地皮，杜德的其他地皮的价格一定会猛涨。靠房地产吃饭的杜德思量再三，权衡利弊，终于答应了希尔顿的建议。

1949年希尔顿吞并了当时非常有名的华尔道夫大饭店，事业达到巅峰。他通过建造、购买的方式把他的事业向海外发展，从而建立起他的“宾馆王国”。

作为一个庞大"王国"的位尊者，希尔顿有他的一套成功的管理经验，那就是重用有才干的年轻人，注重旅店信誉。在他的"宾馆王国"中有大概3万多名工作人员，其中多数管理干部都是从基层人员中选拔出来的。对于优秀的干部委以重任，让他们在个人的职权范围内各尽所能，各施所长。若是有人犯了错误，他总是把那个人叫到房间里，先安慰几句，然后指出错误的原因和改正的方法，鼓励他们好好干。然而，如果谁犯了冒犯顾客的错误，希尔顿是绝不会放过的。他经常告诉职员要尽一切可能使顾客产生"宾至如归"的感觉，冒犯顾客就毁了"王国"的信誉，希尔顿对这种事是绝不容忍的。

人生小语

希尔顿不赶时髦开采石油，而是十分务实地选择了旅馆业，这样使他一步一步走上了"旅馆巨头"的地位。务实型性格的人不急躁冒进，善于稳扎稳打，因此决定了他们在获取财富时也是稳稳当当，一步一个脚印，稳中求胜是他们的优势所在。

务实是一种作风，一种认认真真、实实在在、不骄不躁的作风，这是做人做事得以稳健的基础和前提。务实是"以不变应万变"，它能够把大量稍纵即逝的机会变成实际存在的成果。务实应该成为我们每个人的工作作风。

没有不劳而获

很久以前，有一个有钱人年岁已大，除了留下万贯家产给子孙外，他还想留下些真正能万世流传的东西。于是有钱人派人到各大城里贴出布告，征求有学问有智能的聪明人到他的庄园。

经过他慎重仔细的筛选，从几百个前来应征的人当中留下了16人，然后对他们说："我给你们一年时间，请你们帮我编一本智能录，我想留给后世子孙。”

这些人就在庄上住了下来，也很努力认真地做着这件工作，一年之期到了，他们完成了洋洋洒洒6大卷书。

有钱人翻了翻说：“我相信这些都是智能精华，但它太多了，我担心我的子孙会没兴趣读，请你们浓缩一下。”

一个月后，这些人经过删减，将6大卷文字浓缩成1卷。有钱人看了看还是认为字太多了，请他们再浓缩。

这16个人于是继续在有钱人舒服的庄园住了下来，每天讨论该删除哪些字句，慢慢将那一卷文字浓缩成一章，再浓缩成一节，之后再浓缩成一段，最后只剩下一句话。

有钱人看到这句话时，很满意地说：“这真是古今所有智能的结晶啊！”

最后留下来的那句话是：天下没有白吃的午餐。

是啊！即使在路边或天桥上当乞丐，也需要准备个破碗，还要会把碗拿到人们面前，嘴中不断诉说着自己有多可怜。

当你愿意站起来给自己一些行动的力量，就算结果不如预期，但努力的过程与学习到的经验，都是金钱买不到的。自己浇水施肥种的水果吃起来一定甜，流汗奋斗的生命才是特别可贵的。

人生小语

请不要坐着不动等待奇迹降临，因为，你只会等到生命静静悄悄地流失。有付出，才会有收获；有努力，就会有回报。不劳而获是不可能的。

3件事你必须自己做

宋朝有个非常有名的禅师名叫大慧，门下有一个学生叫道谦。道谦参禅多年，仍不能开悟。一天晚上，道谦诚恳地向师兄宗元诉说个人不能悟道的苦恼，并求宗元帮忙。宗元说："我很高兴能够帮助你，不过有3件事我无能为力，你必须自己做？"道谦忙问是哪3件事。

宗元师兄说："当你肚子饿时，我不能帮你吃饭，你必须自己吃；当你想大小便时，你必须自己解决，我一点也帮不上忙；最后，除了你之外，谁也不能驮着你的身子在路上走。"

道谦听罢，心扉豁然开朗，若有所得。

人生小语

每个人都是自己的发动机，让自己变得非常有力量和别人不一样。成功靠个人努力，个人的事必须个人做。从现在开始，立即行动，相信自己，成功由你自己决定。

坐着不动没有用

在一次促销会上，美国一个大公司的经理请与会者都站起来，看看自己的座椅下有什么东西。结果每个人都在自己的椅子下发现了钱，最少的捡到1枚硬币，最多的捡到了100美元。这位经理说："这些钱都归你们了，但你们知道这是为什么吗？"没有人能猜出为什么。最后经理说："我只想告诉大家：坐着不动是永远也赚不到钱的。"

人生小语

"坐着不动是永远也赚不到钱的。"这位经理的话很有意思。成功不在于你知道多少，而在于你做了多少。想要成功就要在最短的时间里采取最大量的行动。

没有免费的午餐

有一位名叫列文的美国女孩，她的父亲是有名的牙科医生，母亲在一所声誉很高的大学担任教师。她的家庭能给她很大的帮助和支持，她完全有机会实现个人的理想。她从念中学的时候起，就一直梦想着当电视节目主持人。她觉得自己具有这方面的天赋，因为每当她和别人相处时，即使是生人也都愿意亲近她并和她长谈。她知道怎样从人家嘴里“掏出心里话”，她的友人称她是“亲密的随身精神医生”。她常说：“只要有人愿给我一次上电视主持的机会，我相信我一定能成功。”

然而，她为达到这个理想做了些什么呢？其实什么也没有！她在等待奇迹出现，希望一下子就当上电视节目的主持人。

列文不切实际地期待着，结果什么奇迹也没出现。

谁也不会请一个毫无经验的人去担任电视节目主持人，而且节目主管也没有兴趣跑到外面去搜寻“天才”。

另一个名叫鲁斯的女孩却实现了列文的理想，成了非常有名的电视节目主持人。鲁斯之所以会成功，就是因为她知道“天下没有免费的午餐”，一切成功都要靠个人的努力去争取。她不像列文那样有可靠的经济来源，所以没有白白地等待机会出现。她白天去做工，晚上在大学的舞台艺术系上夜校。毕业之后，她开始谋职，跑遍了芝加哥每一个广播电台和电视台。然而，每个地方的经理对她的答复都差不多：“不是已经有几年经验的人，我们一般不会雇用的。”

然而，她不愿意退缩，也没有等待机会，而是继续走出去寻找机会。她一连几个月仔细阅读广播电视方面的杂志，最后终于看到一则招聘广告：北达科他州有一家很小的电视台招聘一名预报天气的女青年。

鲁斯是阿肯色州人，不喜欢北方。然而即使工作只是预报有没有阳光，是不是下雨都没有关系，她希望找到一份和电视有关的职业，干什么都行！她抓住这个工作机会，动身到北达科他州。

鲁斯在那里工作了两年，最后又在洛杉矶的电视台找到了一个工作。

又过了5年，她终于成为了她梦想已久的节目主持人。

为什么？

因为列文在10年当中，一直停留在幻想中，坐等机会；而鲁斯则是采取行动，最后，终于实现了理想。

人生小语

在我们的一生中，永远有机遇在前方等着我们，但它们总是躲在一些角落里，需要我们用积极的心理状态去行动，而不是在那儿守株待兔。

创新能力

敢为天下先

世界保险业的巨子克莱门托·斯通于1902年出生在美国芝加哥的一个贫困家庭中，父亲很早去世，由母亲将他抚养成人。

斯通10多岁时就开始帮助母亲从事保险业工作。母亲让他去每间办公室争取顾客，斯通感到害怕，站在办公大楼外面的人行道上，两条腿直发抖，这时候母亲最能给斯通以鼓励的一句话就是："勇敢地去做，没什么好怕的！"正是在这句话的鞭策之下，斯通才有勇气从一个办公室进入另一个办公室。

20岁时，斯通建起了个人的"联合保险代理公司"，而且第一天就拉了54份保单。当时，许多人都对"联合保险代理公司"的前途持怀疑态度，斯通却一往无前地将他的公司一扩再扩，从美国的东海岸一直发展到西海岸，还雇用了1000名保险推销人员。

正当斯通的事业蒸蒸日上的时候，经济大萧条的寒流席卷了美国，许多中小工商业倒闭，人们都想把钱存下来以备将来更艰难的日子，再也没有人想到斯通的保险公司去投保了。

斯通冷静地面对生活，他认为："如果你在困难的时期以决心和乐观来应付，总会慢慢渡过难关并有所收获。"斯通把自己的想法灌输给自己的部下——如今，推销队伍只剩下200人，他带领着部下继续艰难奋战。

1930 年，一度十分兴盛的宾夕尼亚伤亡保险公司因不景气而停业，并愿以 160 万美元出售。

斯通得到这一消息，决心乘此良机将该公司买下来，然而，他没有这么多钱，他对自己说了句："现在就做！"带领律师走入了巴的摩尔商业信用公司董事长的办公室（宾夕尼亚伤亡保险公司归该公司所有）。

"我想买你们的保险公司。"

"很好，160 万美元。你有这么多钱吗？"

"没有，不过，我可以借。"

"向谁借？"

"向你们借。"

这真是一桩不可思议的买卖。然而，经过多次洽谈，商业信用公司还是同意了。

克莱门托·斯通买下宾夕尼亚伤亡保险公司后，苦心经营，终于将一家微不足道的保险公司发展成为今日的美国混合保险公司，斯通本人也跻身于美国有钱人之列，其财产至少在 5 亿美元以上。

虽然财富不是衡量一个人成功的唯一标准，但至少可视作成功的标准之一。敢作敢为是成功者具备的特质之一。他们有魄力、有胆识，面对机会能果敢地抓住并利用好它。在个人的事业蒸蒸日上的同时也为个人的人生创造了一个又一个的辉煌。

人生小语

敢为天下先的性格特点决定了这些人更容易获得财富的青睐。

这些人具有强烈的好奇心，勇于冒险，敢作敢为，有决心，有勇气，只是有时容易冲动，易给人轻浮、莽撞的印象。这一类型的人一般都擅长交际和应酬，经常给人以平易近人之感。

创造型性格与财富

在每一个时代、每一个国家，都有靠自己闯出一条新路的伟大人物，比如斯蒂芬孙、贝尔、莫尔斯、爱迪生、莱特等等。

贝尔，美国发明家，电话的发明人，出生于英国的爱丁堡，14 岁在爱丁堡皇家中学毕业后，曾在爱丁堡大学和伦敦大学学院听课，主要靠自学和家庭教育。1864 年开始声学研究。

1872 年贝尔在波士顿开办培养聋人教师的学校，并编著《可见的语言先导》。1873 年担任波士顿大学发声生理学教授。1875 年，他的多路电报获得专利。1876 年，美国专利局批准他的电话专利。电话专利是历史上引起争议最多的一项，经过长期诉讼，贝尔终于取得胜利。1880 年法国授予他伏特奖金。

贝尔从事研究的范围极广，曾获 18 种专利，还和其他人一起获得 12 种专利，其中 14 种为电话、电报，4 种为光电话机，1 种为留声机，5 种为航空飞行器，4 种为水上飞机，还有 2 种为硒光电池。然而，这些专利只代表贝尔发明才能的一部分，因为他的工作重点在基本原理方面。他丰富的创造性思想，在当时不可能样样都成为现实，他的许多观念到后世才见到成果。

人生小语

创造型性格的人有望成为各行各业的领导人物，创造型性格的人喜欢标新立异，厌恶陈规陋习。对新生事物本身的兴趣要远远大于对其实际功用的兴趣。所以，创新永远是他们不懈的追求。

勇敢和创造力

“汽车大王”亨利·福特的福特汽车制造公司生产的T型车曾因其领先于当时其他汽车的性能和低廉的价格风靡世界。

到了20世纪20年代，T型车的销售量却急剧下降，出现了不景气。

由于美国汽车工业已经到了全面腾飞的时期，各大汽车公司纷纷推出色彩艳丽的新型汽车，满足了消费者的不同需要，销路很畅。而福特车仍保持其单调的黑色，外观显得严肃而呆板，失去了很多市场。

面对如此严峻的形势，福特有个人独到的想法，他认为单纯T型车简单地改为流线型与对手竞争不是上策。只要生产出的车外观更新颖、性能更好、价格更便宜，自然就会在竞争中取胜。

于是，福特悄悄地购买了一些废船，把它们拆了炼钢，以降低钢铁成本。之后他突然公布生产T型车的工厂全部停工，消息一出，全国震动，引起人们议论纷纷。更令新闻界感兴趣的是工厂停工后，工人却没有被解雇，工人仍每天按时上班，工厂并没有公布倒闭。于是报刊上经常刊登关于福特的消息，这更引起了人们的好奇和关注。其实，这时福特已经在研制生产另一种新型车了。关闭T型车生产的工厂是故意给人一种错觉，以引起人们的好奇心，以便使将要面世的新型车能吸引人们的注意力。正如福特预料的那样，半年后，当新型的A型车源源上市时，引起了空前的轰动，这是福特公司最辉煌的一次成就。由于A型车是在T型车的基础上加以美化和轻便化的，显得古朴典雅，使人既有几分新颖又有几分似曾相识的感觉，同时A型车的时速大大提高了，价格更便宜了。因此销售量剧增，战胜了所有的竞争对手，福特汽车公司也因此被人称为世界上最大的汽车公司。

然而，福特的成功是来之不易的。他冒的风险是巨大的，T型车的停产浪费了近1亿美元的投资，另外投资新车生产又要花费近亿美元，万一新车研制不出或销路不畅，岂不元气大伤，一蹶不振。敢于知难而上和勇于创新是福特创办汽车公司风雨历程的一贯作风。

人生小语

巴尔扎克说：第一个比喻女人是鲜花的人，是天才；第二个是庸才；第三个是蠢材。勇敢和创造力是人类前进必须具备的特质。在历史上，只有那些富有创造力的人和具有冒险精神的人，才能最终成就伟大的事业。成功不可能出自于完全的借鉴和模仿，只有源于个人的创造，才能达到真正成功的境地。

不创新则灭亡

海边的沙滩中有一种不起眼的小生物——“寄居蟹”，每当潮水退去，我们就可以看见到处都是这种可爱的小生物。寄居蟹，它身上的壳是借来的，每当它成长到某种程度，旧的壳已经无法让它舒适，就必须找另一个更大一点的壳才能让自己更舒适。但是在它换壳的同时，必须暴露它最柔弱的身躯，此时的它最脆弱，但是这样的冒险是值得的，因为只有找到另一个更大的壳才会有真正的舒适与安全。不是吗？成长本身就是一个不断创新的过程。

人生小语

非常有名的管理大师彼得·德鲁克说得更直接：要么创新，要么灭亡！

其实，生命的每一天都是一个新的起点，你的未来在等着你！一切尽在你的掌握之中，关键在于你是否有勇气不断地放弃原有的“外壳”，而寻找到更适合你的新的“外壳”。

四大发明

我国的文字，从传说中的仓颉造字到现在，已经有5000多年的历史了。在纸发明以前，古代人们把字刻写在龟甲、兽骨、金石、竹简、木片上。这些东西或是不容易得到，或是太笨重。后来，人们制造出一种叫做“帛”的丝织品，然而价钱昂贵。于是，人们经过长期实践探索，终于发明制造出了植物纤维纸。

1957年，陕西省西安市东郊的灞桥一座西汉墓葬里，发现了一叠麻纸，揭剥分成80多片。经过科学化验表明，这种纸是公元前2世纪时的古纸。因为它出土于灞桥，所以称“灞桥纸”。这种纸比蔡伦造的纸早了整整300多年，是目前世界上最早的纸。

蔡伦是东汉和帝时的宦官，任尚方令。公元105年，他总结了前人造纸的经验，改进了工艺流程，用树皮、麦秆、麻头、破布和旧渔网做原料，监制出一批良纸，献给朝廷，受到赞扬，得到推广，促进了造纸业的发展。116年，蔡伦被封为“龙亭侯”，后人把蔡伦造的纸称为“蔡侯纸”。

东汉末年，有一位叫左伯的造纸能手，造出了细匀而有光泽的高级书写纸。

魏晋时，纸代替了竹简、帛，为人们普遍使用，隋、唐、宋时，造纸手工业遍及全国。扬州六合造出了“年岁之久，入水不濡”的“麻纸”，安徽宣州府造出了“纸寿千年”的“宣纸”。元朝时，造纸业发展较慢。

明代科学家宋应星的《天工开物》，不仅是我国也是世界上总结古代造纸术的珍贵文献。直到1891年，上海兴办“伦章造纸局”，引进外国的机器造纸技术以后，我国的造纸才转入了机器制造的阶段。

公元3世纪初，造纸方法首先传到朝鲜。公元610年又从朝鲜传到日本。751年向西传到了阿拉伯。公元1150年又从阿拉伯传到欧洲，西班牙和法国首先设立造纸厂，13世纪在意大利和德国也相继设立造纸厂。16世纪后，由欧洲传到北美洲，传遍了全世界。

指南针，是世界上最早出现的简单可靠的指示方向的工具。传说，5000

多年前的黄帝乘坐指南车指挥作战，打败了蚩尤。指南车之所以能指示方向，是因为用了指南针。指南针是我国古代劳动人民在开采矿石、冶铜、炼铁过程中，发现的一种能够吸铁，指示南北方向的天然磁石。磁石把许多铁屑紧紧吸在一起，就像一位母亲慈祥地抚摸着她的儿女，所以当时把磁石叫做“慈石”。人们根据磁石指示南北的特性，制成了指南工具。最先造出的指南工具像汤匙，后来又制成罗盘针、指南龟和指南鱼。指南针在古代航海事业和军事活动中已经被广泛应用。北宋时期，指南针传到了阿拉伯和欧洲，推动了世界航海事业和中西文化交流。

1000多年前，我国古代人民发明了火药。火药的主要成分为硝石、硫磺，都是重要的药材，能治疮癣、杀虫、辟浊气和瘟疫，所以它的名称与“药”字相连。

据说有一天，“轰”的一声巨响，只见山头上浓烟滚滚，空气中充满了硫磺的气味，周围百姓闻声急忙围拢过来，只见一个炼丹制药的方士受了重伤，躺在被炸塌了的炼丹炉旁。

那方士虽然受了重伤，却抑制不住内心的激动和喜悦，不顾一切，扒开爆炸物，他惊喜地发现：将矿石和燃料按照一定的比例混合在一起烧炼，就会引起爆炸。据此，人们发明了硫磺伏火法。后来又用硝来进行硫磺伏火试验，终于发明制造了火药。

最先运用火药的是古代的军事家，他们用火药攻击敌人的城堡，火烧敌人的军营。公元904年，唐代郑瑶围攻豫章（今江西南昌市），把火药团扎在箭杆上，点着导火线，用弓弹射到敌人城堡里，引起爆炸，杀伤大量敌人，这就叫“飞火攻城”。以后又发明了以“震天雷”、“蒺藜火炮”为代表的爆炸火器，以“火箭”为代表的喷射火器，以“火铳”、“火枪”为代表的管状火器。

制造火药的方法，在公元1225年至1248年间，由印度传入阿拉伯。西班牙到13世纪翻译阿拉伯人的书籍时才知道有火药。14世纪中期英、法等国才在书籍里记载火药和火药武器。

“试验成功了！”一个满身油污的男子望着一沓沓印刷品，闻着一股股油墨香味，情不自禁地喊叫起来。他就是活字印刷术的发明者——毕昇。

公元1041～1048年（宋庆历年间），毕昇发明了胶泥刻字，一个泥块，一个字，然后用温火把泥块慢慢烧硬，制成一个个活字。活字按照声、韵顺序排列在木格子里。排版前，先在置有铁框的铁板上放一层掺和了泥灰的松脂蜡，然后根据稿本的内容，从木格子里，拣出相应的字，依顺序排在铁板上，加热，使松脂蜡稍稍熔化，以平板压平字面，活字即固定在铁板上，制成版子，再涂上油墨印刷。印完后，再把活字一个个拆下来，按原来的顺序放回格子里，下次再用。这样，大大简化了印刷程序，印刷的速度和质量也大大提高了。

在毕昇发明活字印刷术之前，书籍全靠人用手抄，速度很慢，又容易出差错。春秋战国时代，流行过刻写图章和拓印碑石等方法。到了隋朝，人们开始将文字或图画先刻在木板上，涂上油墨，然后一页一页地印在纸上，这就是刻板印刷术。唐朝普遍采用这种方法。这种方法，迅速传到了朝鲜、日本、伊朗、越南、菲律宾等国，然而这种方法仍然费时、费力又费料。

毕昇发明的活字印刷术，完全避免了过去所有印刷方法的缺点。活字印刷，不久也传到了朝鲜、日本、越南和欧洲。

元代科学家王祯发明了轮盘拣字盘，曾创制了一套木活字，共3万多个字，用了不到一个月的时间，就印成了他个人撰写的6万余字的《旌德县志》600部。同时，他把制造木活字的方法、拣字、排版、印刷的全过程系统地记载了下来，题名为《选活字印书法》，编入他的《农书》中。这是世界上最早的关于活字印刷术的文献。

此后，朝鲜人制造了铜活字；江苏常州人创制了铅活字；有人还做出了印刷术的又一个巨大成就——彩色套印术。

人生小语

马克思曾经说过，包括指南针在内的我国四大发明“是资产阶级发展的必要的先决条件”。我国人民有创造发明的悠久传统。造纸术、指南针、火药和印刷术，并称为我国古代科学技术的“四大发明”，正是这种持久的创新能力，推动着人类文化发展史的进程。

创造的艰难

1909年9月23日，《加利福尼亚美国人民报》上，出现了一条醒目的标题：《中国人的航空技术超过西方》。这则报道引起了欧美国家的极大震动。这个为中华民族争光的能人，就是近代我国第一位飞机制造家、杰出的全能飞行家——冯如。当时，他才26岁。

冯如，号三鼎，广东恩平人，1883年他出生在一个贫苦的农民家庭。少年求学时，冯如就酷爱玩鸟，探究山鹰、海鸥为什么能在天空自由飞翔的原因。他心灵手巧，生性爱好摆弄东西，曾用火柴盒制作轮船模型，样子非常逼真。

1898年，15岁的冯如，毅然离开父母，到了在美国做工的舅父身边，在旧金山一家工厂当工人。当时，他父母舍不得他远行，因为他的4个哥哥都已夭折，所以对他爱之甚切。小冯如却不以为然，回答说："大丈夫以四海为家，株守乡隅，非所愿也。儿行矣，勿以我为念！"

1901年，冯如转往纽约做工。他省吃俭用，从微薄的工资收入中，挤出钱来购买了不少机械制造方面的书，白天紧张劳动、晚上刻苦学习，专攻机械制造原理。功夫不负有心人。没过几年，他就积累了广博的知识，不但通晓了36种机器原理，而且还别出心裁地发明了抽水机和打桩机等。他制作的一种无线电报机，能发能收，灵敏准确。这些都初步显示了他的创造才能。

1903年，冯如从报纸上看到了美国莱特兄弟制造飞机的消息，心里激动得几天睡不着觉。他想，我们祖先的"四大发明"曾经名扬世界！莱特兄弟能做的我为什么不能呢？如今，我要用我这中国人的手制造出飞机，而且还要比他们的飞得更高、更快、更远！1904年，沙俄和日本为了争夺我国东北三省，爆发了"日俄战争"。看到这个消息，冯如更加感叹，他说："兵器中最厉害的莫过于飞机。誓必身为之倡，成一绝艺，以归飨祖国。苟无成，吾宁死。"从此，冯如便立志献身于祖国的航空事业。

千里之行，始于足下。为了寻找资料，冯如跑遍了旧金山大大小小的书店、图书馆，从研究滑翔、飞行的原理着手，废寝忘食地钻研起来。经过几年努力，终于造出了飞机模型。

1907年，由于得到了侨胞们的积极资助，他建立了“广东制造机器公司”，自任总设计师，正式试制飞机。不料，一场大火，把千辛万苦才弄到的制造飞机的材料烧了个精光。这突如其来的打击，并没有使冯如灰心丧气，他在废墟上又搭起了简陋的棚屋，继续试验。经过艰苦的探索和无数的失败，他终于在1909年2月，制成了一架飞机，然而在试飞中又坠地撞毁。他从坠毁的飞机里爬出来，抹去脸上的灰尘，又一次投入试验。正在这时，父母一封封来信催他回国，他不愿中途停顿，在给父母的回信中坚决表示：“飞机不成，誓不回国！”

为了查找几次试验失败的原因，他儿时喜爱的小鸟，不时“飞”进他的心窝。他也像莱特兄弟一样，跑到野外，仔细观察起山鹰、海鸥的飞行来。还专门弄来一只白鸽，精心测量它的身躯同两翼之间的比例，不断改进自己的设计。就这样，又经过一年的艰苦奋战，一架机型新颖、操纵灵活、平衡性能好的飞机终于诞生了。

1909年9月21日，他驾驶着全部由他自己制造的飞机，在奥兰市上空翱翔了2640英尺，它的航程是莱特兄弟1903年首次试飞852英尺的3倍多，揭开了我国航空史的第一页。1910年夏天，他参加了在旧金山举行的国际飞行大赛，以飞行高度210米、时速105千米、飞行距离32千米的优异成绩，一举夺魁。国际飞行协会为他颁发了优等证书。冯如在早期的人类航空史上，为祖国获得了殊荣。

当时，正在美国访问的孙中山，亲自观看了他的飞行表演，并紧紧握住他的手说：“祝贺你的成功！”

1911年，冯如带着两架自制的飞机，乘船回到了祖国，实现了“我要把飞机贡献给祖国的愿望”。回国后，冯如在广东郊区建立了飞行器公司，并把带回的钱财和全部心血都投在了继续制造飞机的事业上。

1912年，由于他的飞机长期未曾飞行，以致部分零件锈蚀，因此在飞行表演中发生故障，不幸以身殉职，献出了年轻的生命。他的遗体安放在“黄花岗七十二烈士墓冢”的左侧。这位年轻的爱国科学家的忠魂，永远陪伴着革命者的英灵。

70多年过去了，冯如墓上的黄花岁岁繁荣，代代兴旺。

“冯氏飞机”是我国近代文化史上的伟大事件。然而，我国尝试飞行的历史却是悠久的。2000多年前，春秋时期人们就利用风筝的放飞，来传递军事情报；宋朝人，在风筝上装有炸药，配以“引火”装置，当风筝飞到敌营上空时，用香火点燃导火线，引起火药爆炸；明代有个叫万户的人，幻想遨游太空，他在一把椅子背面装上47支火箭，自己坐在椅子上，两手各牵一线风筝，然后点燃火箭，试图以此为动力飞向天空。万户的试验失败了，然而作为人类第一次用火箭作动力飞行的尝试，却是一个伟大的事件。为了永远纪念万户的功绩，国际天文联合会将月球背面的一座环形山，命名为“万户山”。到了十四五世纪，我国运用黑色火药火箭的技术发展到了很高水平，出现了多发齐射的“龙神机柜”、两级燃烧的“火龙出水”以及可以返回地面的“飞空砂筒”。后来，我国的火箭技术经阿拉伯传到了欧洲。

现在，美国华盛顿国家航空和空间博物馆里，陈列着一只画有孙悟空图像的巨型风筝。旁边写有一行醒目的大字：“最早的飞行器是中国的风筝和火箭”。

人生小语

科学技术是第一生产力，我国古代飞行器、火箭技术以及近代冯氏飞机的创造，将永远载入世界航空发展史册。

创新的过程是艰难的，有时候还要以生命为代价。我国飞机设计者冯如就是这样。

竞争能力

竞争的结果：多赢

这是一个小地方，经济落后，老百姓的口袋里并不宽裕。麻雀虽小，五脏俱全，这里盘踞着大大小小数十个超市和商场，面积不大的城区里拥挤着5家大型超市。商业不比供电、通信、石油，是高度竞争领域，几家超市一直在进行肉搏战。

当地有一家规模最大的超市，且叫它本地超市吧。在本地超市对面，是一家浙江人开的超市，叫华兴。华兴和本地超市虽然仅仅一街之隔，但华兴的人气远远比不上对方，于是，华兴从一开始就打价格战，什么东西都比对方便宜一点点。因此很多人都是比了这家再去那一家，甚至比了之后，再杀回来，反正只是一条马路的距离。

这两家超市的"暗战"，有时还真值得人玩味。

同样的蒙牛香芋巧克力雪糕，在北京前门4元钱一根，在东莞和深圳6元，在本地超市卖5元，在华兴只卖3.5元。

同样的"统一"牌泡椒牛肉方便面，在广州沃尔玛超市卖3元，在本地超市卖4元，在华兴只卖3.5元。

类似的例子太多，不一一列举。

你也许会问：华兴卖得这么便宜，一街之隔的本地超市不完蛋了？

本地超市不仅没有完蛋，而且人气越来越旺，生意越做越好，还到黄州以外的8个县市开办了多家分店。而在数年前，情况可不是这样。

当时，本地超市生意远没有现在这么红火，东西卖得比较贵，规模也比现在小很多，但由于竞争对手太少，倒也还支撑得下去。只是苦了消费者，说是超市，价格和原来的零售没有什么差别，一样的贵。

一年之后，也就是2003年，浙江人来了，他们看中了本地超市对面的国贸，国贸在与本地超市的竞争中败下阵来，浙江人出资，国贸更名为“华兴”。

然而华兴开了之后，消费者依然不买账，生意冷清。浙江人投进来的真金白银眼看着就要付之东流。

无奈，浙江人开始了价格战。首先他们把时令水果和蔬菜的价格降了下来。

萝卜、白菜价格一降，生意立即有了起色，而且浙江老板发现：老头儿、老太太买了便宜的萝卜、白菜，他们还会买酱油、奶粉、牙膏、洗发水，关键是要把老头儿、老太太吸引进来。

尝到了甜头的华兴，于是把时令水果和蔬菜的价格降得越来越诱人。

华兴对面的本地超市也注意到了，这个曾经的手下败将在更名改姓之后，打起了水果和蔬菜的主意，而且的确吸引了不少客流。如果坐视不理，很可能会养虎为患，于是，本地超市也开始将计就计。

本地超市首先把水果和蔬菜的价格降到了华兴同样的水准，效果立即显现。

本地超市还发现，华兴的收银台效率不高，顾客买了便宜东西，如果要排队，也是要骂娘的。于是，本地超市花了大价钱，专门对收银员进行了业务培训，收银速度大幅提升。全国不少大中城市的超市，不管中资的、外资的，黄州的这家本地超市收银速度堪称一流，比沃尔玛和家乐福还要快捷和方便。

华兴很快发现了一些老头儿、老太太专门挑选便宜水果和蔬菜，其他货品一律跑到对面的本地超市去买，于是，他们又推出一招：一次性购物满89元，就送鸡蛋、花生油。这一步棋，又将了本地超市一军。

……

两家超市的战争打了3年，还将继续下去。其实两家各有特点，这些年他们也在扬长避短。同时，消费者是不一样的，两家吸引的也是不一样的消费群。华兴是私营企业，决策效率高，价格战打得更坚决更迅速，吸引了不少中老年顾客。而本地超市找到了自己的优势——规模比华兴大，货品比华兴更齐，消费者多为社会地位高、家庭收入高、购物热情高的“三高”人士，一站式服务是华兴无法做到的。

人生小语

竞争的结果，不仅让消费者受益，也让商家得到了充分的发展。如果没有浙江人来收购华兴，本地超市很可能会继续中庸下去，不可能像今天这样一直发展和前进。看看美国和欧洲，竞争是魅力无穷的。竞争，让整个国家受益，社会才会少一些腐败，多一些活力。

不要贪图竞争对手的小利

一群耗子爬上桌子准备偷肉吃，却惊动了睡在桌边的狗。

耗子们同狗商量，说：“你要是不声张，我们可以弄几口肉给你，咱们共享美味。”

狗严辞拒绝了耗子们的建议：“你们都给我滚，要是主人发现肉少了，一定会怀疑是我偷吃的，到那时我就会成为案板上的肉了。”

人生小语

当竞争对手给你一点利益的时候，你失去的也许是更大的利益。

竞争是有规则的

一只青蛙看自己的耗子邻居很不顺眼，总想找个机会教训教训它。

一天，青蛙见到耗子，劝它到水里玩。耗子不敢，青蛙说有办法保证它的安全，用一根绳子把它们连在一起，耗子终于同意一试。

下了水，青蛙大显神威，它时而游得飞快，时而潜到水底，把耗子折腾得死去活来。耗子最后被灌了一肚子水，泡胀了漂浮在水面上。

空中飞过的鹞子正在寻找食物，发现了漂浮着的耗子，就一把抓了起来，相连的绳子把青蛙也带了起来，吃掉耗子后，意犹未尽的鹞子把嘴又伸向了青蛙。

在被鹞子吃掉之前，青蛙后悔地说：没想到把自己也给害了。

人生小语

竞争是有规则的，当我们采取不正当的手段去对付竞争对手的时候，也许我们自己也已经踏进了失败的门槛。

竞争要清楚对手是谁

有两个人在树林里过夜，突然树林里跑出一头大黑熊来。

其中的一个人忙着弯腰穿球鞋，另一个人对他说：“你把球鞋穿上有什么用？反正我们跑不过熊啊！”

忙着穿球鞋的人说：“我不是要跑得快过熊，我只要跑得过你就可以了。”

人生小语

故事乍听起来有点无情，但竞争就是如此残酷。毕竟我们面对的世界，是一个充满变数并且竞争非常激烈的世界，跑得快与不快，很可能成为决定成功与失败的关键。“快”、“好”、“能干”、“聪明”其实都是相对的，有的时候知道我们的竞争对手是谁非常重要。

竞争是优胜劣汰

国外有一家森林公园，曾经养殖了几百只梅花鹿。尽管环境幽静，水草丰美，精心照顾，又没有天敌猎杀它们，几年以后，鹿群非但没有发展，反而病的病，死的死，竟然出现了负增长。

后来经专家建议，他们买回几只狼放置在公园里，在狼的追赶捕食下，鹿群只得紧张地奔跑以逃命。

这样一来，除了那些老弱病残者被狼捕食外，其他鹿的体质日益增强，数量也迅速地增长着。

人生小语

人天生有种惰性，没有竞争就会故步不前，习惯躺在功劳簿上睡大觉。竞争对手就是追赶梅花鹿的狼，时刻让梅花鹿清楚狼的位置和同伴的位置。跑在前面的梅花鹿可以得到更好的食物，跑在最后的梅花鹿就成了狼的食物。按照竞争规则，“头鹿”获得更好的生存，而“末鹿”被吃掉、被淘汰。

竞争与合作

“好球！”“打得真棒！”乒乓球馆里传来一阵阵喝彩声。全体同学围着一张球台，观看小明与李放进行的校级乒乓球最终决赛。

只见球台上，小明进攻犀利，一板连着一板的扣球，看得大家眼花缭乱；李放呢，不慌不忙，稳稳地接起一个个球，伺机反击。经过激烈的争夺，小明以微弱的优势战胜李放，获得了冠军。他们二人也同时入选学校的乒乓球集训队，准备参加市小学生公开赛。

每天放学后，小明与李放都准时来到球馆，进行训练。这天，李放突然对小明说："小明，你的正手进攻威力太强了，有什么诀窍吗？你教教我吧！"看着李放期待的目光，小明正要说，心里突然冒出来一个念头："教练说，本次比赛，要在集训队员中选出主力和替补选手，现在，如果我把所有的技巧都告诉李放，他的水平超过了我，他不就是绝对的主力队员吗？"小明一下子犹豫起来，吞吞吐吐地说："今天太累了，改天可以吗？"

小明再也没心思训练了，匆忙离开了球馆。一边走，一边不停地念叨着："到底要不要把进攻的秘密告诉他呢？"教吧，自己明显失去了优势；不教吧，似乎又说不过去……小明思考了半天，也没理出头绪。"算了，还是明天去问问王教练吧！他一定能为我排忧解难的。"

第二天一早，小明一到学校就找王教练去了。听了他的叙述，王教练直接告诉他："其实，你面临的问题，就是竞争与合作的问题。在生活中处处有竞争，要有超过对手的想法与行动，能保证你走在别人的前头；但竞争与合作并不是对立的，如果非要争个你死我活，往往是两败俱伤。这时，不妨进行必要的合作，共同提高双方的水准，达到'双赢'的目的。"

小明插嘴了："王教练，我还是没弄懂你说的意思。"

王教练说："我给你讲讲最近人们说的'龟兔双赢理论'吧。据说，龟兔又比赛了多次，互有输赢。后来，龟兔合作，兔子把乌龟驮在背上跑到河边，然后乌龟又把兔子驮在背上游过河去。这样双方在比赛中都没遇到任何障碍，这就是'双赢'，竞争对手完全也可以是合作的伙伴。同样的道理——现在，你要参加乒乓球比赛，你不妨把进攻的秘诀教给李放，而李放的防守是他的特长，你也可以让他把防守的诀窍告诉你，这样，你们两人不就都得到提高了吗？相信你们由竞争者变为合作者，乒乓球水平都会更进一步，难道还担心不能成为主力队员？"

小明恍然大悟。

不久后，小明与李放代表学校参加了公开赛，他们搭档参加了男子双打比赛，一路过关斩将，最终获得了冠军。

人生小语

通常意义上的竞争，是两个或两个以上的个人或群体，在某项比赛中力争胜过对方的行为。即双方争夺一个目标，且只有一方得胜。而所谓合作，是指两个或两个以上的个人或群体，为实现共同目标在某项活动中联合协作的行为。双方有一致的目标，而且双方共享结果。我们应该把竞争与合作放在同等重要的位置，使自己达到更高的境界。

竞争使人进步

东莞某塑料五金制品有限公司是一家充满活力的工贸结合型企业，基于20多年的生产、贸易经验，该塑料公司将企业的产品源源不断地输往海外市场，并且在100%出口的业务额中有60%来自电子商务。该塑料公司的负责人王先生告诉记者："有竞争才有进步，我们在外贸渠道的选择和外贸员的培训方面都引入了竞争机制，这就是我们保持持续活力的'秘方'之一。"

该塑料公司有一支庞大的外贸军团——40多位业务员。开发客户、接单、跟进等外贸流程全部实行竞争机制，同时企业也为业务员提供了更多的用武之地。

在几年前，公司开发新客户的渠道主要是参展和杂志广告，虽然效果直接，但是投入成本颇高，而且随着买家采购习惯的改变，传统渠道的效果有所降低，所以他们逐渐将参展范围精减到了以香港地区展会为主，并增加了对于电子商务的投入，给外贸员和企业提供更多的业务机会。

业务人员每周轮流开发客户，机会均等，资源就是利用包括阿里巴巴在内的电子商务平台。在管理方面，他们通过ERP软件避免了老客户的信息"撞车"的问题，同时部门经理也可以明晰地了解到业务流程和进展情况。

有了施展功夫的舞台，业务员都积极地利用电子商务平台主动开发客户，不再单纯地等买家发来询盘。

实战经验增加了他们的外贸操作技巧、信心和工作乐趣，这些也是公司最大的财富。

该塑料公司与国内几家知名的 B2B 网站开展了合作，几年来电子商务为企业带来了越来越多的外贸订单，占到业务总额的 60%，并且其中的 80% 来自欧洲买家。

以阿里巴巴英文网站为例，2003 年 11 月公司成为‘高级中国供应商’会员至今，平均每天都能收到五六条买家询盘。公司将从电子商务平台上获得客户分为两类：

第一种是可以进行长期合作的买家，一些采购商在合作之初就提供了自己设计的图纸或样品，支付样板费用。对于这类买家而言，他们需要体现企业的实力、产品的质量、外贸员的服务水平；

第二种是买家进行的零散或者紧急采购，此时就需要他们用最快的配合速度、高效的沟通方式满足买家的采购需求。

该塑料公司在阿里巴巴英文网站上的页面，一款款精致的产品映入眼帘，这些凝聚了该公司员工心血的产品将通过网络运抵更多遥远的海岸线。

人生小语

有竞争才有进步，这就是企业保持持续活力的“秘方”之一，以积极的竞争机制应对日益激烈的国际贸易竞争，确实不失为企业发展的上策。

竞争需要创新

美国有个叫杰夫士的牧童，他的工作是每天把羊群赶到牧场，并监视羊群不越过牧场的铁丝到相邻的菜园里吃菜。

有一天，小杰夫士在牧场上不知不觉睡着了。不知过了多久，他被一阵怒骂声惊醒了。只见老板怒目圆睁，大声吼道：“你这个没用的东西，菜园被羊群搅得一塌糊涂，你还在这里睡大觉！”

小杰夫士吓得面如土色，不敢回话。

这件事发生后，聪明的小杰夫士就想，怎样才能使羊群不再越过铁丝栅栏呢？他发现，那片有玫瑰花的地方，并没有更牢固的铁栅栏，但羊群从不过去，因为羊群怕玫瑰花的刺。“有了，”小杰夫士高兴地跳了起来，“如果在铁丝上加一些刺，就可以挡住羊群了。”

于是，他先动手将铁丝剪成5厘米左右的小段，然后把它结在铁丝上当刺。结好之后，他再放羊的时候，发现羊群起初也试图越过铁丝网去菜园，但每次都被刺疼，惊恐地缩回来，被多次刺疼之后，羊群再也不敢越过栅栏了。

小杰夫士成功了。

半年后，他申请了这项专利，并获批准。后来，这种带刺的铁丝网风行世界。

人生小语

实际上，一般人经常把创新想象得太高深、太神秘、太复杂，并因此阻碍了他们创新。其实创新往往是在不经意间获得的，有的创新往往是很简单的。

竞争与生存

一只猎犬在追一只野兔，猎犬使劲追，野兔使劲跑，但最终猎犬也没追上野兔。

野兔回到家，对其母说：“今天有一只猎犬追我。”

母兔问：“追上了吗？”

野兔回答：“肯定没追上，它怎么能追上我呢？那只狗只是为了一顿饭在追我，而我却是为了一条命在跑啊。”

人生小语

当今社会，每个人每天都要面对很多的竞争，承受很多的压力，想在竞争中生存，你就得有一种比别人更强烈的竞争意识和危机感，能够承受更大的压力。这样才能有机会出击……

"杀人蝠"的启迪

有一种生活在非洲被当地人称为"杀人蝠"的动物。专爱吸驴子的血，当这种杀人蝠飞落在驴子身上时，起初驴子本能地会抖动身体或用尾巴去驱赶。

可杀人蝠用细小的舌尖轻轻地舔那驴子，驴子立即产生一种麻丝丝、痒乎乎的快感，再也不驱赶它了。

过一会儿，杀人蝠咬个小口子，吸驴子的血，一只杀人蝠吸饱飞走后，又会飞来另一只杀人蝠继续吸，驴子在不知不觉中就会被吸干血而死去。

人生小语

用"生于忧患，死于安乐"8个字诠释上述故事，是恰如其分的。现实生活中，类似的表现也很多。为什么有那么多的企业和人士，由强变弱，最终惨遭淘汰呢？尽管他们败走麦城的原因各不相同，但有一点是共同的，即缺少一种忧患意识和危机意识，安而忘危，缺少远虑，对面临的危险认识不足，准备不足，最终导致失败。对于企业来说，最大的风险就是没有危机意识。

除掉恶狗生意火

这是《韩非子·外储说右上》讲的一个寓言故事。

宋国有一个人开设了一家小酒店，这家酒店量酒用的升、斗等计量工具既精确又标准，量酒时升平斗满很公平。接待顾客小心谨慎，毕恭毕敬；服务态度，热情周到，无可挑剔。

尤其是酒店老板酿制出来的酒，味道特别醇美，质量堪称上乘。

他的广告意识也很强，总是把酒旗挂得高高的，非常惹人注目。从各方面看，这家酒店的竞争条件都是不错的，生意本应红火。

然而，酒店老板万万没有料到，他的酒店竟然冷冷清清，不见有顾客上门。酒店酿制好的酒直到酸败变质，一点也没卖出去。

“酒酸不售”的原因在哪儿？酒店老板带着这个问题去向邻里中的一位长者求教，请这位长者为酒店“诊断”。

长者对酒店老板说：“酒之所以卖不出去，是因为你在酒店里喂养了一只凶猛的恶狗。”

酒店老板大惑不解地问：“一只狗与酒卖不出去有什么联系？”

长者道：“这只狗令顾客望而生畏，不敢进你酒店的门。假设有的人家打发小孩子拿着酒瓶提着酒桶来买酒，这只凶猛的恶狗就会疯狂地扑上去咬人。这样，谁还敢到你的店里来买酒？”

酒店老板接受了长者给酒店所作的“诊断”，除掉了那只恶狗，改善了顾客的购物环境，酒店的生意立即火暴了起来。

人生小语

酒店老板在竞争中经人点拨，终于除掉恶狗，使生意好了起来。

善于经营的人发家致富，财货聚积；不善于经营的人销蚀本钱，破产败业。

好酒也怕巷子深

唐代诗人韦应物有一首诗叫做《酒肆行》。诗中描写了两家酒店竞争的情况：

一家是富有竞争力的大酒店。百尺高楼坐落在长安的中心繁华地带，占据地理位置的优势。

酒具器皿全部用银打制而成，铺张排场，设备豪华，占据服务硬件的优势。笙管笛箫，细吹慢奏，大吹大擂，喧闻远近，占据广告宣传的优势。

服务对象是官僚政客、公子王孙、社会贤达，更使酒店身价百倍。

说到酒店的酒，却是“初浓后薄”、“百斛一壶”。质次价高。由于一般酒客爱图虚名，不懂得品尝酒质优劣，竟使这家质次价高的豪华大酒店誉满长安。

另一家酒店开设在小巷深处。酒店主人一年到头精心酿制美酒，始终保持酒质醇厚，味道香浓。

但是，酒家主人或是没有财力做广告，或是未意识到广告的宣传作用，致使酒店在强大的竞争对手面前失去了竞争力。

“长安酒徒空扰扰，路旁过去哪得知。”人们来来往往路过小巷，却没有一个人知道这家酒店有上等好酒。

人生小语

“酒香不怕巷子深”，这是一句俗语，可是在当今竞争的社会，这句话有点落伍了。借古喻今，例如《三国演义》的“三顾茅庐”、“姜太公钓鱼”还有“毛遂自荐”……品其中的真味，豁然顿悟：好酒还是要懂得自我推荐的。

在竞争中突出自己的优势

冯梦龙的小说《惊世通言》卷8说到，京城玉器工人崔宁流亡到潭州城，为了使自己的手工技艺在当地有一定的竞争力，在租住的铺房门口挂出“行在崔待诏碾玉生活”的招牌。

“待诏”，是封建时代对各种手艺工匠人的称呼。“行在”，指皇帝巡视各种地方的驻在地。南宋高宗皇帝赵构被金兀术赶到杭州，改杭州为临安府，称为“行在”。其意思有两点。

第一，表示皇帝出巡到杭州，不是逃跑到杭州。

第二，表示临时建都杭州，将来还要打回东京汴梁，收复失地。崔宁在招牌上突出“行在”二字，是向人们表明他是来自皇帝的所在地临安府的玉工，手艺精湛，就如同前些年北京的个别理发馆、服装店的招牌上标有“上海迁京”，现在随处可见美国炸鸡、加州牛肉面一类的招牌一样富有竞争力。

果然，寄居在潭州城的一些官员，见崔宁是从“行在”来的玉工，都找到崔宁加工玉器。

人生小语

找到自己的优势，才能在竞争中突出自己。

竞争目光要长远

柳宗元在《宋老板传》中写的药材商人宋清，重视商业信誉，注重药材店的形象。长安人一传十，十传百，人口相传“咸誉清”。

这种活跃在人们口头上的无形广告的宣传力远非其他各种形式的广告可比拟。因此，宋老板在激烈的市场竞争中，始终立于不败之地，成为富有的巨商。宋老板经营药材有三大特点：

一是严把进货关。宋老板只进质地纯正的药材，抵制伪劣药材。凡从深山老林、川地泽国来长安出售药材的客商都愿意投奔到宋老板的药材店。宋老板给予食宿款待，用优惠价格收购他们的药材，因为宋老板的药材质量有保证，长安医生凡用他的药材配制的药剂，卖得就快。一些疮疡患者为了好得快，也都去买宋老板的药材。

二是对顾客一视同仁。凡来选购药材的顾客，不论是否认识，也不论现钱还是赊欠，一概付给地道的优质药材。

三是急人之难。顾客拖欠药款无力偿还的，宋老板就把欠款字据烧掉，不再索债。一些官员在穷困潦倒时买宋老板的药材，宋老板像往常一样，赊给好药材。这些人一旦再做了官，就会加倍报答他。

由于以上三大经营特点，宋老板的药材店“求者益众，其应益广”，生意越来越兴旺。

人生小语

书中宋老板在谈到自己的经营之道时，将其概括为6个字：“取利远，远故大。”在竞争中要目光长远，才能立于不败之地，才能做得比较大。

合作能力

合作才能成功

美国三大汽车公司：通用、福特、克莱斯勒，它们垄断了美国的汽车工业。最初，福特汽车的市场占有率为45%，远居首位。但从20世纪30年代起，通用汽车的市场占有率超过了福特汽车。到1983年，通用汽车公司成为世界第二大工业公司，年营业额为746亿美元，净利37.3亿美元。这一年，福特汽车公司排在世界第五大工业公司的位置上，年营业额为444.6亿美元，净利18.7亿美元。克莱斯勒公司更在它们之后。

斯　隆

福特汽车公司自1903年由亨利·福特创立后，不到10年时间便成为了世界汽车大王，“福特”牌汽车风行全球。通用汽车公司于1908年在美国新泽西州创立，但一直落后于福特汽车公司。后来怎么使通用汽车大大赶超了福特汽车呢？原因是多方面的，最突出的一点是通用汽车公司后来起用的决策者处事开明，能兼听各方面的建议，特别关注反对的建议。

通用汽车公司自从斯隆任总裁之后，在经营决策上采取广泛听取部属的各种建议和反面意见。斯隆认为，像“通用”这样的大公司，若把所有问题的决策集中于少数领导人身上，不仅使他们终日忙于事务，无暇考虑公司的方针、政策，而且还会局限各级人员的创造精神。他要求各级人员加强责任心，对任何决策和谋略大胆地各抒己见。他还言明这样做的目的绝非有损领导层的尊严，反之可防止和避免决策的重大失误。

有一次，斯隆主持讨论一项新的经营方案，参加会议的各部门负责人对这项新方案没有提出任何相反意见。最后斯隆总裁说：“诸位先生看来都完全同意这项决策了，是吗?”与会者都点头表示同意。斯隆却突然严肃地说：“现在我公布会议结束，这次会议讨论的问题延到下次会议再行讨论。但我希望下次会议能听到相反的意见，这样，我们才能全面地了解这项决策的利弊。”

通用汽车公司正是因为在各项主要经营决策前善于听取各种建议和意见，使它便于对各种方案作出比较判断，从中选择最佳的方案，同时公司也做到有备无患，万一发生差错，也可随时采取新对策。正是它能发挥这一招的作用，使“通用”牌汽车在生产、设计、营销、管理等各方面处于领先地位，才使美国其他汽车公司望尘莫及的。

人生小语

我们每一个人在社会的大舞台上都充当着一个角色，无论你从事什么职业，要想取得成功，都离不开别人的帮助。单独一个人想达到事业的顶峰是不可能的事情。

这就好比一个球队，要想比赛取得最终的胜利，必然是大家团结协作、共同努力的结果。

因为一个人的力量毕竟是有限的，即使他再有能力也不可能独揽一切。善于与人合作的人，可以更好地弥补个人各方面的不足，使个人尽快地走向成功。

真心合作

有3只耗子结伴去偷油喝，不过油缸非常深，油在缸底，它们只能闻到油的香味，根本喝不到油。它们很焦急，最后终于想出了一个很棒的办法，就是一只咬着另一只的尾巴，吊下缸底去喝油，他们取得一致共识：大家轮流喝油，有福同享谁也不能独自享用。

第一只耗子最先吊下去喝油，它在缸底想："油只有这么一点点，大家轮流喝多不过瘾，今天算我运气好，不如自己喝个痛快。"

夹在两只耗子中间的第二只耗子也在想："下面的油没多少，万一让第一只耗子把油喝光了，我岂不是要喝西北风吗？我干吗这么辛苦的吊在中间让第一只耗子独自享受呢？我看还是把它放了，干脆自个跳下去喝个痛快吧？"

第三只耗子则在上面想："油那么少，等它们两个吃饱喝足，哪里还有我的份，倒不如趁这个时候把它们放了，自己跳到缸底喝个饱。"

于是第二只耗子狠心地放了第一只耗子的尾巴，第三只耗子也迅速放了第二只耗子的尾巴。它们争先恐后地跳到缸底，浑身湿透，一副狼狈不堪的样子，由于脚滑缸深，它们再也逃不出油缸了。

人生小语

面和心不合的事情经常发生，嘴巴上勉强应和，心里面却嘀嘀咕咕，真正做事的时候故意拖拖拉拉搞破坏，最后什么也干不成。

3只耗子表面上一起合作了，可它们彼此各怀心事，这样的合作宁愿没有的好。单打独斗只考虑个人的利益很难成功，真正的强者讲究双赢，追求团队合作。

善于合作

清末商人胡雪岩，不太会读书识字，但他从生活经验中总结出了一套哲学，归纳起来就是："花花轿子人抬人。"他善于观察人的心理，把各个阶层的人都拢集起来，以个人的钱业优势，与这些人协同作业。由于他长袖善舞，所以别的人也为他的行为所打动，对他产生了信任。他与漕帮协作，及时完成了粮食上交的任务。与王有龄合作，王有龄有了钱在官场上混，胡雪岩也有了机会在商场上发达。如此种种的互惠合作，使胡雪岩这样一个小学徒工变成了一个执江南金融之牛耳的巨商。

每年的秋季，我们看到大雁由北向南以V字形状长途迁徙。大雁在飞行时，V字的形状基本不变，但头雁经常替换。头雁对雁群的飞行起着很大的作用。因为头雁在前开路，它的身体和展开的羽翼在冲破阻力时，能使它左右两边形成真空。其他的雁在它的左右两边的真空区域飞行，就等于乘坐一辆已经开动的列车，无须再费太大的力气克服阻力。这样，成群的雁以V字形飞行，就比一只雁单独飞行要省力，也就能飞得更远。

胡雪岩

过去农村闭塞，获取财富极端困难。老百姓家中难得有一桌一椅一床一盆一罐。所以那时农村分家是件很困难的事情。兄弟妯娌间为了一个小罐、一张小凳子，都会恶语相向，乃至大打出手。

后来人们走出来了，兄弟姊妹都往城里跑，财富积累得越来越多。回过头来，发现各自留在家里的亲眷根本犯不着为一些鸡毛蒜皮儿的事生气。相反，嫂子留在家里，属于弟弟的地不妨代种一下，父母留在家里，小孙子小外孙不妨照看一下。相互帮助，尽量解除出门在外的人的后顾之忧。反过来，出门人也会感谢老家亲戚的互相体谅和帮助。一种新的哲学也就诞生了，这种哲学就是：你好，我也好，合作起来更好。

遗憾的是，有些学生大概是在校园待久了，个人拥有的资源不愿意与人分享，反过来，想利用别人的资源，又不好意思张口。这样的一种心理状态是一种大的障碍，绝对不利于自己的成就与发展。

人生小语

有人说只有众人齐心协力才能做出更大的蛋糕。然而有些年轻人却信奉另外一种哲学。他们认为，财富总是有一定限度的，你有了，我就没有了。一个人要善于发挥集体的力量，因为每个人的能力都有一定限度，善于与人合作的人，能够弥补个人能力的不足，达到个人达不到的目的。与其争抢一个小蛋糕，不如与人携手，把蛋糕做得更大一些。这样的话，你还发愁没得吃吗？

化斗争为团结

在一个原始丛林里，一条巨蟒和一头豹子同时盯上了一只羚羊。豹子看着巨蟒，各自打着“算盘”。

豹子想：如果我要吃到羚羊，必须首先消灭巨蟒。

巨蟒想：如果我要吃到羚羊，必须首先消灭豹子。

于是几乎在同一时刻，豹子扑向了巨蟒，巨蟒扑向了豹子。

豹子咬着巨蟒的脖颈想：如果我不下力气咬，我就会被巨蟒缠死。

巨蟒缠着豹子的身子想：如果我不下力气缠，我就会被豹子咬死。

于是双方都死命地用着力气。最后，羚羊安详地踱着步子走了，而豹子与巨蟒却双双倒地。

如果两者同时扑向猎物，而不是扑向对方，然后平分食物，两者都不会死；如果两者同时走开，一起放弃猎物，两者都不会死；如果两者中一方走开，一方扑向猎物，两者都不会死；如果两者在意识到事情的严重性时互相松开，两者也都不会死。它们的悲哀就在于把本该具备的谦让转化成了你死我活的争斗。

人生小语

俗话说：一山不容二虎。可见人与人之间的利益争斗是根深蒂固、很难化解的。如果不能超越这种自私和狭隘，最终只会两败俱伤。

谁都有所不能

有一只骆驼离开主人，独自漫步在偏僻的小道上。长长的缰绳拖在地下，它却漫不经心地只管自己走着。

这时，正好来了一只耗子。它咬住缰绳的一头，牵着这只大骆驼就走。耗子得意地想："嘿，瞧我的力气多大啊？我能拉走一头大骆驼呢！"

一会儿，它们来到河边。大河拦住了去路，耗子只好停下来。这时，骆驼开口了："喂，请你继续往前走啊？"

"不行啊"耗子回答说，"水太深了。"

"那好吧，"骆驼说道，"让我来试试看。"骆驼到了河中心便站住了，它回头叫道："你瞧，我没说错吧，水不过齐膝盖深呢。好啦，尽管放心下来吧？"

"是的。"耗子答道。"不过，正如你所看到的，你的膝盖和我的膝盖之间可有一点小小的差别啊。劳驾，请你渡我过河去吧。"

"好，你总算认识到个人的不足了。"骆驼说，"你很傲慢，夜郎自大。要是你能保证今后谦虚一点，那我才肯渡你过河。"

耗子不好意思地笑着答应了。就这样，它俩一起平平安安地到了对岸。

人生小语

世界上没有十全十美的事物，人都有个人所不能够的。谦虚的人通常能看到个人的不足——与强者联合共渡难关，彼此关爱中享受生命的快乐。

团结才有力量

从前，有一只公鸡、一只兔、一只猴和一只象，它们结拜为兄弟。

公鸡因为能飞，有一次飞上了三十三重天，衔来了一颗果树种子。这种子是万年生长，一年四季都结果子的。

兔子知道这种子的贵重，就首先动手把种子种在地上。猴子知道这树会结果，就天天替它施肥。大象就天天用鼻子从河里汲水来浇灌。

大家细心的照料，树一天天地长大，很快就结果了。

公鸡从树尖飞过，看见果子成熟了，心想："我带来的种子结果了，我的功劳可不小啊！现在该我享受了！"于是，它天天飞上树，在树上慢慢地啄食着果子。

猴子是可以上树的，它想吃就爬上树，不想吃就爬下来。

象的个子很高，就用它的长鼻子卷着树枝吃果子。

这中间最吃亏的就是兔子。它爬不上树，只有在树下扑打纵跳，望着香气扑鼻的果子，翘尾巴，舔嘴唇。

树，一天天长高了，连有长鼻子的象也吃不到果子了，于是，它们开始有了争吵。

象和兔子一齐向公鸡和猴子嚷着："这太不公平了，树长高了，只有你们两个吃得到，要知道我们也曾经浇过水啊！"

兔子更不满意说："是的，真的是很不公平，我没吃到一个果子，只吃了几片落下来的树叶。"

然而公鸡和猴子只顾个人吃，不理它们。它们没有办法，就找了一个聪明的人帮它们评理。聪明人说："你们四个先不要争，天底下原来没有这种果树，你们先说这果树是从哪里来的？是怎样生长的？你们告诉了我，我才能帮你们想出调解的办法来。"

公鸡说："聪明人啊，正如你所说，这树天底下本来没有，是我从三十三重天上衔来的种子生长出来的，我的功劳最大，难道不是吗？"

兔子说："虽然公鸡衔来了种子，但它不知道该怎么办，是我想到把它种到地里，因此才有了这棵树。可我却一直吃不到果子，只能吃到偶尔落下来的几片叶子。你说公平吗？"

猴子说："虽然有了种子，有人种下地，但我施肥的功劳可不小啊！这树原来只有一根细草那样大，要不是我天天施肥，它怎么能活呢？"

象说："虽然有了种子，有人种地，有人施肥，然而，天旱了这么久，我每天都用鼻子从河里运水来浇它，它才生长起来的。我也有功劳啊！"

聪明人说："照这样说，你们每个人都对这树出过力，每个人都该吃到果子。你们与其这样争吵，不如大家一起想能吃到果子的办法。因为只有这样，才不致伤害你们之间的感情，而且又能让这棵树结更多的果实。"

它们觉得这话很有道理，于是就一起商量。终于商量出一个办法，规定大家摘果子要一起摘，让象站下边，象背上站猴子，猴子背上站兔子，兔背上站公鸡，然后公鸡摘下果子交给兔，兔交给猴，猴交给象，果子摘好了，大家一起吃。

自从想出这个办法以后，它们就不再争吵了，而且使这棵树长得更好，果子也结得更多了。

人生小语

这是藏族传说，它教给人们团结和尊重他人劳动的意义。团结就是力量，团结起来，众志成城，合理组合，才能取得胜利。团结的前提就是目标一致，彼此谦让，共同进步，以战略的眼光看待问题。

牺牲眼前小利

从前，某地大闹饥荒，有两个饥寒交迫的人得到了一位老人的恩赐：一根钓鱼竿和一篓鲜活硕大的鱼。其中一个人要了一篓鱼，另一个人要了一根钓鱼竿，于是他们分道扬镳了。

得到鱼的人原地就用干柴搭起篝火煮起了鱼，他狼吞虎咽，还没有品出鲜鱼的肉香，转瞬间，连鱼带汤就被他吃了个精光，不久，他便饿死在空空的鱼篓旁了。

另一个人则提着钓鱼竿继续忍饥挨饿，一步步艰难地向海边走去，可当他已经看到不远处那片蔚蓝色的海洋时，他浑身的最后一点力气也使完了，他也只能眼巴巴地带着无尽的遗憾撒手人寰。又有两个饥饿的人，他们同样得到了老人恩赐的一根钓鱼竿和一篓鱼。只是他们并没有各奔东西，而是商定共同去寻找大海，他俩每次只煮一条鱼，他们经过遥远的跋涉，来到了海边。从此，两人开始了捕鱼为生的日子，几年后，他们盖起了房子，有了各自的家庭、子女，有了自己建造的渔船，过上了幸福安康的生活。

人生小语

这就是古人“授人以鱼，不如授人以渔”的故事的来历。同样是具备同等条件的两个人，前者都只顾自己却落得个谁都不想得到的下场，后者都牺牲自己却过上了好日子。合作——在你最需要的时候，它能帮助你克服各种混乱。著名成功励志学家陈安之曾经讲过：人的体力有限，不要和马比赛跑，而要跟马合作，最后你骑在马上，彼此共同到达目的地。这是一种非常重要的合作利益战略思维。

脱离集体会怎样

每年秋天来了，北方的天气逐渐变冷，我们就会看到一队队大雁往南飞去。大雁在长期迁移的历程中，集体配合能力很强，它们有时候排成一字形，有时候排成人字形。

雁群里有一只小雁心想：“跟你们一块飞多慢呀！如果我一个人飞，我早就飞到南方去了。”大雁警告它说不能这样做，随便离队会遇到危险。小雁满不在乎地笑笑，把好话当成了耳旁风。一天晚上，当大家都睡着了的时候，它偷偷地离队飞走了。它在无边无际的天空独自飞行，一边飞，一边得意地唱着歌。忽然，“砰”的一声，把它吓了一跳，它低头一看，不远处一个狩猎者正在朝它开枪。它急忙用力扇动翅膀，飞进云层。它想，多危险啊！差点就把命给送了，还是回去吧！然而它又想，这么快就回去，不是太没出息了吗，大家会笑话自己的。既然出来了，就不能这么轻易就回去，应该做出些事情，让它们瞧瞧。

天渐渐黑了，它决定先找个地方住下再说。小雁看到前面有一座山，这时它口渴了，肚子也饿了。它心想，过了这座山，该到湖边了吧。于是，它鼓起精神，艰难地飞过高山。不过山那边只见漆黑的树林。在漆黑之中，小雁分不清到底哪里是东西南北。小雁感到自己疲乏极了，它身上一点力气也没有了。它落在草地上，很想舒舒服服地睡一觉，忽然又想起，谁为自己放哨呢？没人放哨，太危险了，说不定会有狐狸和狼出来伤害自己。它越想越害怕，后悔自己不该单独飞行，恨不得马上回到队伍里去。然而，漆黑的夜里，往哪里去找队伍呢？它伤心地哭了起来。正在这个时候，一只凶恶的狼嚎叫着从树林里跳了出来。小雁吓得浑身发抖，然而，在恐怖中它身上有了一种力量，怎么能等着被狼吃掉呢？它猛地扇起翅膀，飞快地飞到空中。小雁独自在天空中，心里又急又怕。这时候，它越发后悔当初没有听老雁的话。这只不守纪律的小雁在天上飞了好久好久，它飞过高山，飞过丛林，飞过海洋，终于飞回了雁群的队伍中。

人生小语

小雁自以为是，最终发现自己是那么的渺小，离开了集体终究无法生活。过于重视自我，忽视组织价值，最终受害的还是自己。

斗争不如团结

美国某大学的社科教授做了这样一个实验：把6只猴子分别关在3间空房子里，每间2只，房子里分别放着一定数量的食物，但放的位置高度不一样。第一间房子的食物放在地上，第二间房子的食物分别从易到难悬挂在不同高度的适当位置上，第三间房子的食物悬挂在房顶。

数日后，他们发现第一间房子的猴子一死一伤，伤的缺了耳朵断了腿，奄奄一息。第三间房子的猴子也死了。只有第二间房子的猴子活得好好的。

究其原因，第一间房子的两只猴子一进房间就看到了地上的食物，于是，为了争夺唾手可得的食物而大动干戈，结果伤的伤，死的死。第三间房子的猴子虽做了努力，但因食物太高，难度过大，够不着，被活活饿死了。只有第二间房子的两只猴子先是各自凭着自己的本能蹦跳取食。最后，随着悬挂食物高度的增加，难度增大，2只猴子只有协作才能取得食物。于是，一只猴子托起另一只猴子跳起取食。这样，每天都能取得够吃的食物，很好地活了下来。

人生小语

只有真正体现出个体能力与水平，发挥个体的能动性和智慧，才能使团队间相互协作，共渡难关。团队合作的前提是让每一个人都感觉到团队的业绩与个人息息相关，他是执行者，而非旁观者。

心理承受能力

逆境中的美

自然又完美的高音，唯有已故的帕瓦罗蒂。他是世界三大男高音歌唱家之首。

他是一个从小生长在十分贫寒家境的中的青少年，有一个做面食师的父亲，在雪茄厂做工人的母亲，但是收入的微薄未阻止一个青少年对歌唱的执著。

帕瓦罗蒂

声乐课后的帕瓦罗蒂要做每个月仅 8 美元的家教，这对他来说杯水车薪。于是他又做保险，却又因此导致声带受损，无法发音。疾病几乎令他却步！但他的骨子里一直涌动着顽强不息的斗志。

痊愈后的帕瓦罗蒂开始在意大利一间歌剧院演出。他备受排挤、压制，表演的机会少得可怜，但他始终没有放弃潜心苦练。1963 年世界非常有名的指挥家冯 · 卡拉发现了这个天才。1970 年在演唱《军中女郎》的一个咏叹调时，他以一连串爆发9个高音C的奇迹，征服了美国音乐人郝伯特·布莱斯林，同时也征服了世界。从一个穷青年成长为男高音歌唱家，靠的就是与困境进行顽强斗争的精神。

人生小语

弥尔顿有句名言："谁最能忍受苦难，谁的能力最强。"乘风破浪，顽强拼搏。苦难或许是上帝送给人的最好的礼物，通过艰苦磨炼才会成为不屈不挠的人。

同一种命运，对刚毅的人和懦弱的人会有不同的结局。懦弱的人屈从命运，刚毅的人用不屈不挠的精神改造命运，锻造人生。

不怕挫折

莎莉·拉斐尔是美国非常有名的电视节目主持人，曾经两度获奖，在美国、加拿大和英国每天有800万观众收看她的节目。不过她30年的职业生涯中，却曾被辞退18次。

刚开始，美国大陆的无线电台都认定女性主持不能吸引观众，因此没有一家愿意雇用她。她便迁到波多黎各，苦练西班牙语。有一次，多米尼亚共和国发生暴乱事件，她想去采访，可通讯社拒绝了她的申请，于是她自己凑够旅费飞到那里，采访后将报道卖给电台。

1981年她被一家纽约电台辞退。无事可做的时候，她有了一个节目构想。虽然很多国家广播公司觉得她的构想不错，但因为她是女性，还是没有公司愿意雇用她。最后她终于说服了一家公司，受到了雇用，但她只能在政治台主持节目。尽管她对政治不熟，但还是勇敢尝试。1982年夏，她的节目终于开播。她充分发挥个人的长处，畅谈7月4日美国国庆对个人的意义，还请观众打电话来互动交流。令人想不到的是，节目很成功，观众非常喜欢她的主持方式，所以她很快成名了。

当别人问她成功的经验时，她发自内心地说："我被人辞退了18次，本来有可能被这些遭遇所吓退，做不成我想做的事情。结果相反，我让它们鞭策我前进。"

人生小语

正是这种不屈不挠的性格使莎莉在逆境中避免了一蹶不振、默默无闻的一生，走向了成功。

顽强主宰命运

湖南邵阳农民赵菊春在挑战人生的过程中表现出的顽强性格令人赞叹不已。作为一个生活在社会底层的农民，他虽然只读了几年的书，却写出了《挑战人生败局》一书。那是因为他有强烈的自我意识，不甘于命运的摆布。为了生存，年轻的时候，他也曾进行过各种生存方式的尝试，甚至参与赌博，参与黑社会组织。可贵的是，他对个人的所作所为进行反思之后，毅然下决心靠个人的汗水和智慧，开创崭新的人生。

于是，他借钱开了一个水晶石加工厂，但时运不济，由于市场不景气、技术落后等诸多原因，一年之后，他的水晶石加工厂倒闭了。钱没挣到，反而欠下许多债务。

但他并没有被打倒，他绝不屈服于命运的打击，他抖擞精神，继续奋斗。一个风雪交加的早晨，他来到北国名城大庆，开始了新的创业生涯。他在大庆开了一家眼镜店，以良好的信誉和周到的服务，被大庆人称为"最有人情味的商人"。

后来，他又来到北京，投资文化产业，如今，他的博源慧田文化公司已成为京城文化大军中一支不可忽视的劲旅。正是不甘屈服、顽强的性格成就了赵菊春。

人生小语

具有顽强性格的人是明知不可为而为之的人。老子说："兵强则灭，木强则折。"因此只有坚是不行的，还得有韧，韧是顽强的意志力和超强的忍耐力。具有顽强性格的人是无敌的，这种人做事专一，永不会放弃，不屈不挠，不达目的誓不罢休。这种性格的人无论从事什么职业都会成功，因为他们绝不轻言放弃。

99%的汗水

爱迪生是个天才，他有着普通人无法企及的天赋，但正像他自己所说的："天才是1%的灵感加上99%的汗水。"

爱迪生的一生是传奇的，他顽强的性格、锲而不舍的努力造就了他辉煌的事业。他一生共有2000多项发明，被称为"发明大王"。

爱迪生从小就有着超强的好奇心，对什么事都想知道其背后的原因，不仅如此，对什么事情他都想自己动手尝试一下。

在爱迪生研制电报机的时候，他有时一个星期也不离开实验室。饿了啃几口面包，渴了喝几口清水，废寝忘食地工作，甚至置新婚妻子于不顾，专注于他的研制工作。他发明电灯的过程更是突出表现了他顽强的性格。

在进行实验之前，他在电灯方面建立了3000多种理论，每一种理论似乎都可能变成生活。他锲而不舍地一一进行实验，最终确定只有两种理论可以行得通。他是一个工作狂，只要进入他的实验室、进入他的工厂，他就忘了身边的一切。

被人誉为"乐圣"的德国作曲家贝多芬一生遭到了数不清的磨难，贫困几乎逼得他行乞；失恋、耳聋，几乎毁掉了他的事业。不过，贝多芬并未一蹶不振，而是向命运挑战！在他两耳失聪、生活最悲惨的时候写出了最伟大的乐曲。正如他给一位公爵的信中所说："你之所以成为公爵，只是由于幸运的出身；而我成为贝多芬，则是靠自己。"

人生小语

有的人遭遇到挫折或不幸时，就会怨天尤人，哀叹自己命不好，或认为一切都是命中注定的。其实，真正主宰命运的是自己。顽强的人前行的步伐绝对不会被任何东西所阻挡，这就是成功者和不成功者的区别。

损失的经验

日本大富翁化药公司董事长原安三郎曾语重心长地对属下说："年轻时代赚100万的经验，并不能成为将来赚10亿元的经验，但损失1000万的经验，倒可培养赚10亿元的经验。逆境是锻炼人才最好的机会。"因此，原安三郎劝年轻人不要急躁，应趁年轻的时候多尝尝不幸和挫折。

在格里米战役的一次战事中，一颗炮弹把战区中的一座美丽花园炸毁，然而在那被炮火炸开的泥缝中，却忽然发现一道泉水在喷射。从此以后，这儿就有了一眼永久不息的喷泉。不幸与忧苦，也能使心灵的潜在之泉喷射出来。有许多人不到穷困潦倒，就不会发现个人的力量。灾祸的折磨，反而可以使人们发现自己的潜能。

塞万提斯在狱中写了《唐·吉诃德》，那时他贫困不堪，甚至无钱买纸，完稿是用皮革当做纸张。有人劝一位西班牙有钱人去接济他，但那位有钱人回答说："上帝不允许我去接济他的生活，因为唯有他的贫困，才使得世界丰富！"

人生小语

命运本非天定，成败自在人为。每个人都有可能走入人生的低谷，如果只是一味地消极，一味地怨天尤人而不去与命运抗争，那么你就永远不会有生命的春天。抛弃软弱，努力让自己顽强起来，把自己打造成一个性格坚忍的人，你同样可以做自己命运的主人。

贫寒的意义

霍英东这个名字众人皆知，在他名下有“立信建筑置业”、“信德”、“有荣”等60多家公司企业，经营范围涉及航运、房地产、石油、建筑、旅馆、百货等多方面。同时他还担任国际足联执委和世界羽毛球联合会名誉会长、全国政协常委、香港中华总商会副会长、香港房地产建设商会会长等多个职务。

霍英东并非出生于什么名门望族，他只是个社会底层的青少年，那么他是怎样创造出今天这样的辉煌的呢？

霍英东

霍英东1922年生于香港，在香港长大。童年时，全家人常年漂在舢板之上。他7岁时，父亲因暴风雨死在海里，生活的重担从此压在他母亲肩上。迫于生活的贫穷和压力，他们曾和许多患有肺病的穷房客共住在一层旧楼的大通间里。母亲靠将煤灰转运到岸上的货仓这一小本生意，收取微薄佣金养家糊口。为了供他上学，母亲和姐姐省吃俭用。据他回忆：“当时我在学校勤奋读书，课余协助母亲记账、送发票，由于日夜奔忙和营养不良，一天下来已是筋疲力尽。”

抗日战争的爆发使霍家的生活更为艰难。无奈，霍英东放弃学业去当苦力。18岁那年，他找到了第一件差事，在轮渡上当加煤工，但由于工作不力被老板解雇。他还去日本人扩建的机场工地当过苦力，每天的报酬是半磅米和7角钱，每天只吃一块米糕和一碗粥，经常饿得头昏眼花。

有一天由于不慎，他的一个手指被一个50加仑的煤油桶生生砸断，工头可怜他，给他分配了一个较轻的工作，让他修理货车。后来他还当过铆钉工、制糖工等。然而，童年时代的种种艰辛、生活的坎坷煎熬，培养了他自强不息的奋斗性格。

第二次世界大战结束后，当时的香港在运输方面有迫切需求。霍英东看准这个机会，在亲友的帮助下，抢购了一些廉价运输工具，转手获利很多。朝鲜战争爆发时，他抓住这个时机，在友人的资助下，开办船运业务。由于善于经营和胆识过人，他的事业发展得很快，逐渐在香港航运界崭露头角。但他并不满足于运输业上的成就。朝鲜战争结束之后，他看到香港房地产业有巨大的发展潜力，便毅然向房地产业进军。1954年他筹建了“立信建筑置业公司”，开始从事房地产。公司发展速度惊人，创办没几年，便打破了香港房地产的纪录。同时他还开创了大楼分层预售的先例。

霍英东的事业虽然已经在多个行业获得成功，但他并没有裹足不前，而是继续向新领域进军。20世纪60年代初，淘沙这个行当是香港许多有识之士都不敢涉足的事，原因是这行当用工多、获利少、赚钱难。而霍英东却在1961年底，去英国考查途经曼谷时以120万港币从泰国政府港口部购买了一艘大挖泥船，这艘船长288英尺、载重10890吨。后来他将其改名编列为“有荣四号”，他的淘沙事业从此有了长足的发展。他还派人去世界有名的造船厂家购买了一批专用机械淘沙船。经营上他颇有特点：不图一时之暴利，而是与香港当局签订长年合同，稳妥获利。房地产业上他亦是如此。建筑业主要原料之一的海沙也是有荣公司专门运输供应的。不久，他独得了香港海沙供应的专利权，成为香港淘沙业的头号大亨。仅仅2年多的时间，“有荣”业务便兴隆昌盛起来，大小船只80~90艘，挖泥淘沙专用船也有12只以上。

香港回归后，他响应中央和政府的号召，在祖国投资，广州白天鹅宾馆以及中山温泉宾馆等就是他在国内的部分投资项目，他对祖国建设事业的支持和帮助也赢得了很高的评价。无疑，果断、敢冒风险和坚毅的性格特点，是他事业成功的重要因素。

人生小语

性格刚毅的人有着顽强的意志力，它能帮助他们克服一切困难，不论所经历的时间有多长，付出的代价有多大，无坚不摧的性格终能帮助他们达到成功的目的。

人生两面

上帝问3个凡人："你们来到人间是为了什么？"

第一个人回答："我来这个世界是为了享受生活。"

第二个人回答："我来这个世界是为了承受痛苦。"

第三个人回答："我既要承担生活给我的磨难，又要享受生活赐予我的幸福。"

上帝给前两个人打了50分，给第三个人打了100分。

因为前两个人只答对了问题的一半，而第三个人才答对了人生的价值观。

人生小语

人既要承受痛苦，也要享受生活，这才是生命的完美和有价值的人生。一个自觉性较强的人，往往从长远目的出发来考虑个别行为目的，使之服从于长远目的，并放弃多余的，尤其是不利于长远目的的动机和行为。

身残志坚

美国有位年轻的警察叫亚瑟尔，有一次在执行任务中，他被歹徒用枪射中左眼和右腿膝盖，半年后，当他从医院出来时，完全变了个样：一个曾经高大魁梧、双目炯炯有神的英俊小伙子现在却成了一个又跛又瞎的残疾人。当地政府和一些其他组织授予了他许多勋章和锦旗。一位记者曾问他："你以后将如何面对你现在遭到的厄运呢？"亚瑟尔说："我知道歹徒到现在还没有被抓获，我要亲手抓住他，这是我给个人制定的目标。"

在这以后，亚瑟尔不顾他人的劝阻，参与了抓捕那个歹徒的行动。他几乎跑遍了整个美国，甚至有一次为了一个微不足道的线索独自一人乘飞机去了瑞士。

9 年后，那个歹徒终于在亚洲某个小国被抓获了。当然，在这案子里面亚瑟尔起到了非常关键的作用。在庆功会上，他再次成了英雄。

很多媒体称赞他是全美最顽强、最勇敢的人。

人生小语

近代微生物学奠基人巴斯德如此昭示世人："告诉你使我达到目标的奥秘吧，我唯一的力量就是我的坚持精神。"

人有了理想，有了追求的目标，生命才会有价值。

亚瑟尔的成功经验告诉我们，失去一只眼睛，或者一条健全的腿，并不要紧，然而我们不能失去人生奋斗的目标，因为失去了目标，就失去了一切。

赢得起，也输得起

在竞争当中，当然大家都想取得好成绩，然而要记住：因为输赢乃是生活中平常的事情，赢得起，也输得起才算真正的英雄。

在一次残酷的长跑角逐中，参赛的有几十个人，他们都是从各路高手中选拔出来的。但是最后得奖的名额只有3个人，所以竞争格外激烈。一个选手以一步之差落在了后面，成为第四名。他受到的责难远比那些成绩更差的选手多。“真是功亏一篑，跑成这个样子，跟倒数第一名有什么区别？”这就是众人的看法。这个选手若无其事地说：“虽然没有得奖，然而在所有没得到名次的选手中，我名列第一！”

人生小语

谁说跑第四名跟跑倒数第一没有什么区别？在竞争中，自信的态度，远比名次和奖品更为珍贵。赢得起，也输得起的人，才能够取得大的成就。

失去不一定是坏事

我国有一个古老的故事，叫做：塞翁失马。靠近边塞居住的人中，有位擅长推测吉凶掌握术数的人。一次，他的马无缘无故跑到了胡人的住地。人们都为此来宽慰他。那老人却说：“这怎么就不会是一种福气呢？”过了几个月，那匹失马带着胡人的良马回来了。人们都前来祝贺他。那老人又说：“这怎么就不能是一种灾祸呢？”他的儿子爱好骑马，结果从马上掉下来摔断了大腿。人们都前来慰问他。那老人说：“这怎么就不能变为一件福事呢？”过了一年，胡人大举进犯边塞，健壮男子都拿起武器去作战。离边塞不远的人，死亡的占了9/10。这个人的儿子因为腿瘸的缘故免于征战，得以保全了性命。

人生小语

当你的人生遭遇无情灾难的时候，不要失望。它让我们忏悔，让我们反省，让我们总结经验——它是在让我们从灾难中找出价值。

绝境创造奇迹

这是一个真实的故事：在法国荒郊野外的一个机场上，一位名叫桑尼耳的飞行员正在专心致志地用自来水枪清洗战斗机。突然，他感到有人用手拍了一下他的后背。回头一看，他吓得大叫一声，拍他的哪里是人，一只硕大的大黑熊正举着两只前爪站在他背后。桑尼耳急中生智，迅速把自来水枪转向大黑熊。也许是用力太猛，在这万分紧急的时刻，自来水枪竟从手上滑了下去，而大黑熊已朝他扑了过去……他闭上双眼，用尽吃奶的力气纵身一跃，跳上了机翼，然后大声呼救。警戒哨里的哨兵听见了呼救声，急忙端着冲锋枪跑了出来。两分钟后，大黑熊被击毙了。

事后，许多人都大惑不解：机翼离地面最起码有2.5米的高度，桑尼耳在没有助跑的情况下居然跳了上去，这可能吗？如果真是这样，桑尼耳不必再当飞行员了，而应当是一名跳高运动员，去创造世界纪录。但是，事实确实如此。

后来，桑尼耳做了无数次试验，再也没能跳上机翼。

在日常生活中，一个绝境就是一次挑战、一次机遇，如果你不是被吓倒，而是奋力一搏，也许你会因此而创造超越自我的奇迹。把绊脚石变成垫脚石。

一个走夜路的人碰在一块石头上，他重重地跌倒了。他爬起来，揉着疼痛的膝盖继续向前走。他走进了一个死胡同。前面是墙，左面是墙，右面也是墙。前面的墙刚好比他高一头，他费了很大力气也攀不上去。

忽然，他灵机一动，想起了刚才绊倒自己的那块石头，为什么不把它搬过来垫在脚底下呢？想到就做，他折了回去，费了很大力气，才把那块石头搬了过来，放在墙下。

踩着那块石头，他轻松地爬到了墙上，轻轻一跳，就越过了那堵墙。

人生小语

逆境人人都会遇到，然而更多的人被绊脚石绊倒以后就再也爬不起来了，更不会化不利为有利，把绊脚石变成垫脚石。

逆境中看到希望

随着气候的变化，每年动物和鸟类一样要迁徙。在北极圈不远生活着一种群居的驯鹿，每年它们要在生活区内南北穿越几百里，以此选择它们生存的栖息地。当北极圈一带的冬天到来，冰雪封山时，它们就要穿越生活区南边一条近百米宽的冰河，忍着时刻被冻死或饿死的危险越过河去。河水不结出厚厚的冰它们是过不去的，它们要在寒风中等待着河上结出厚冰。

在这期间，驯鹿们相互依偎在枯草或山岩的缝隙中藏身。也总有一些驯鹿被冻死在河的北岸。只有那部分幸存者们踩着冰河，在河的南岸上找到它们的越冬栖息地。当春天再来，河北岸上它们原来的生活区里又泛出绿色时，它们又得重回故里。并不完全因为它们思念那山或草，而是因为另一种更残酷的命运在等待它们。

春天一到，驯鹿们暂时寄居越冬的稀疏草地上，各种猛兽都纷纷从更远的南方北迁，重回到它们原来的生活区。所以驯鹿们不得不穿越冰河，重返个人的家园。这是一种近乎残酷的回归。

这条冰河成了驯鹿们生命旅途中唯一逃命的跳板。冲不过冰河，它们就会被那些南回的猛兽们吃掉，那片草地仅仅是驯鹿们临时的寄居地。但是，刚解冻的冰河水流湍急，它们只有踩着漂浮在水流上的一个个大冰块，顺着水流漂回家园。有的在河岸上被冻死，有的从冰块上滑进水中被淹死，场景极为悲惨。

人生小语

想想那些驯鹿穿越冰河的场景——它让我们难免对生命有一种无言的敬畏，对苦难有一种搏击的亢奋和喜悦。每每遇到一些挫折和不顺时，告诉自己：还有希望！

从头再来的勇气

英国史学家卡莱尔费尽心血，经过多年的努力，总算完成了法国大革命史的全部文稿，他将这本巨著的原件送给他的友人米尔阅读，请米尔批评指教。

谁知隔了没几天，米尔脸色苍白浑身发抖地跑来，他向卡莱尔报告了一个悲惨的消息。原来法国大革命史的原稿，除了少数几张散页外，已经全被他家里的女佣当做废纸，丢入火炉化为灰烬了。

失望陡然间充塞于卡莱尔心间，因为这是他呕心沥血撰写的法国大革命史。当初他每写完一章，随手就把原来的笔记撕成碎片，所以没有留下任何记录。

但第二天，卡莱尔重振精神，又买了一大沓稿纸。后来他说："这一切就像我把笔记簿交给小学教师批改时，教师对我说'不行！青少年，你一定要写得更好些！'"

我们现在所读到的法国大革命史，正是卡莱尔重新写过的。

人生小语

突如其来的意外和打击，可能会让你绝望，留下重创或从此失去一切。但当你能够接受这个生活，并重新开始时，你就已经在向成功迈进了。

换一个角度思考

有一位种苹果的人，他的高原苹果色泽红润，味美可口，供不应求。有一年，一场突如其来的冰雹把即将采摘的苹果砸开了许多伤口，这无疑是一场毁灭性的灾难。眼看着苹果无法销出，不仅如此，如不按期交货还要按合同一一赔款。但是乐观的果农打出了这样一则广告：

“亲爱的顾客，你们注意到了吗？在我们的脸上有一道道的伤疤，这是上天馈赠给我们高原苹果的吻痕——高原常有冰雹，高原苹果才有美丽的吻痕。味美香甜是我们独特的风味，那么请记住我们的正宗商标——伤疤！”

让苹果说话，这则妙不可言的广告再一次使果农的苹果供不应求，赢得了另一种成功。

人生小语

世间万事万物没有绝对的一路顺风，没有绝对的十全十美。有些困境可能恰恰是成功的前提条件，有些缺点可能又恰恰是一种美丽的优点。

独立自强能力

人生当自强

清朝康熙年间，贵州巡抚刘荫枢告老回乡后，打算用一生的积蓄为家乡建一座桥。然而子女却反对他：“您当了一辈子高官，我们却没沾到一点光，好容易盼到您回家，您却如此不顾我们。”刘荫枢很伤心，他觉得自己虽然一身清白，但忽视了对子女的教育。于是，他用尽积蓄，历时5年，修成大桥，取名“毓秀桥”。桥修好后，他对子女说：“我之所以用全部积蓄修桥，就是想用事实告诉你们，自己的路自己走，自己的生活自己创，靠天、靠地，不如靠自己。”为了彻底消除子女们依赖父母的心理，他以15两白银的价钱把桥卖给了官府。

刘荫枢的所作所为深深地打动了他的子女。他的孩子日后都成了国家的栋梁之才。

人生小语

应该说，青少年自立的精神和独立的能力很大程度来源于父母的教育。刘荫枢注重子女自强精神的培养是具有远见卓识的，他用毕生的积蓄修桥教育子女，可谓用心良苦。古人尚且如此，今日的青少年更要培养自强精神。

走自己的路

2003年3月，一位旅游者在意大利的一座山上，发现一块墓碑，碑文记述了一位名叫托比的人是怎样被老虎吃掉的。据说这块墓碑是柏拉图和他的学生为托比树立的，大意是这样：托比从雅典来意大利讲学，途经此山，发现了一只老虎，进城后跟别人说，但没有人相信他。因为在这座山上从来就没有人见过老虎，不仅这座山没有，而且周围的山上也没有。

可托比坚持说见到了老虎，并且说是一只威武雄壮的老虎。不过无论他怎么说就是没有人相信他的话。最后，他说，我带你们去看，如果见到了真老虎，该相信了吧。于是柏拉图的几个学生跟他上了山。不过漫山遍野找了个遍，就是不见老虎的影子，甚至连根老虎的毛也没看见。但托比仍对天发誓说他确确实实在那棵大树下见到了老虎，跟他去的几个人都说，你当时一定是看花了眼。你最好还是不要说确实看到了老虎，否则人们会说我们城邦里来了个最会撒谎的人。

我怎么会是个撒谎的人呢？我的的确确见到了一只老虎，怎么就没有人相信我呢？在接下来的日子，他为了证明自己没有说谎，逢人就说他没有撒谎，是诚实的，确实见到了老虎。不过说到最后，人们不仅见到他就躲，并且在背后还议论他：看！这就是从雅典来的疯子。托比本来是来意大利讲学，是想成为有学问和道德修养的人的，现在，却被人们认为是一个疯子和撒谎者。

他怎么也想不通，他发誓一定要让人们相信自己是诚实的。为了证明自己确实见到了老虎，在他来到意大利的第10天，他买回了一杆猎枪就开始上山了。他要找到那只老虎，并且要把那只老虎打死带回来，让全城的人都看一看，他没有撒谎。但是，他这一去就再没有回来。3天后，人们在山中发现一堆撕碎的衣服和一只脚。经城邦的法官验证，托比是被一只重量至少在250千克左右的老虎吃掉的。托比并没有撒谎，他确确实实在这座山上见到了一只老虎。

在事实和真理面前，真正的智者都是走自己的路，任别人去评说。

人生小语

这段碑文是谁写的并不重要，重要的是这段碑文向世人所做的一个暗示：世上有许多不幸，都在于急着向别人证明自己正确。那种急于证明自己的人，很在乎别人对他的看法，完全以别人的评价为行事准则。人们对一个人的反映总是像各种各样的多棱镜，不会一致说好，即使你做得再好，也会有人说不好。

浮士德精神

在广阔祥和的天庭，上帝召见群臣，仙官侍立左右。三仙长出位，以宇宙的浩瀚，变化的无穷景象，颂扬上帝造化万物的丰功伟绩。

恶魔靡菲斯陀也从人间赶来报到，和往常一样狗嘴不吐象牙，说什么地上已是一片苦海，而且永远不会变；人类庸俗无聊、充满邪恶的欲望，只能终身受苦，像低等的虫鱼一样，任何追求都不可能有什么成就。

上帝问起凡间哲人浮士德的情况。靡菲斯陀说他正处在绝望之中。因为他欲望无穷，他既想上天揽明月，又想下地享尽人世福，到头来，什么也不能使他满足。上帝坚信浮士德这样的人类的代表，在追求中难免有失误，但在理性和智慧的引导下，最终会找到有为的道路。靡菲斯陀不同意上帝的看法，他自信能将浮士德引向邪路，让他堕落，并为这事他提出同上帝打赌。上帝一口答应了并将浮

《浮士德》剧照

士德交给他。“得令——”靡菲斯陀兴冲冲地从天宫下到凡尘，一心想把浮士德引向堕落。

在一个中世纪的书斋里，室内阴暗、潮湿，年过50的浮士德坐卧不宁，烦闷已极。他想到大半辈子自己埋头在故纸堆中，与世隔绝，到头来却一事无成，既不能救世济民，又不见半点聪明。他渴望投身宇宙，承担起世上的一切苦乐。然而，他几次努力都没成功，失望至极之时，他想到了死。他激动地倒出一杯毒酒，将它举到唇边，准备做最后一次痛饮……

突然，教堂传来复活节的钟声。这钟声猛地唤起浮士德对童年生活的记忆，对人生的向往，因而断了自杀的念头，决心开始新的生活。

春天来了，快乐的人群涌向郊外。浮士德也混杂在人群中，人们尽情领略着春天的美景。浮士德兴冲冲地，郊野的一切都使他无限欢欣。农民们向浮士德敬酒，酬谢他在瘟疫中搭救他们。浮士德面对群众对自己的热忱褒奖，十分惭愧。他反省自己，何曾医好过病人？炼的那种金丹只不过是骗人的。

夕阳西下，人群退去，浮士德恨自己没有腾飞的翅膀，飞去把太阳追赶。他感觉有两种意念在内心搏斗：一个要执拗地守着尘世，沉溺在迷离的爱欲之中；另一个要猛烈地离开凡尘，向一个崇高的境界飞驰。

靡菲斯陀发现浮士德正在动摇之中，立刻变为一个书生，走来与浮士德相识。他告诉浮士德：他是“否定的精神”，“恶”就是他的本质；他要与自然的权威抗衡，要毁灭一切，包括人类。浮士德向他诉说尘世生活束缚的痛苦，他宁愿死也不愿过这种安贫守分、无所作为的生活。然而，死也要死得痛快，或者战死沙场，血染荣冠，或者醉酒狂舞之后倒进姑娘的怀抱。

靡菲斯陀乘机劝他去从事祥和的事业，从孤僻的生活走向广阔活泼的天地。并提出给他签订这样的契约：靡菲斯陀今生愿做浮士德的仆人，为他解愁除闷，寻欢作乐，获得一切需要；但当浮士德表示满足的一瞬间奴役便解除，浮士德就属恶魔所有，来生便做恶魔的仆人。浮士德根本不相信“来生”，便毫不犹豫地同意了这场赌博，立下了契约。

于是，靡菲斯陀便把黑色的外套变成一朵浮云，载着浮士德和自己，开始了四海的云游。首先，他们来到莱比锡的一家地下酒店，靡菲斯陀要让浮士德看看这充满“快乐”的世俗生活。酒店里，一群大学生正在饮酒作乐，玩些无聊的把戏，唱些无聊的歌曲。靡菲斯陀是胡闹的专家，他加入大学生的阵营，给大家唱了一首滑稽的《跳蚤歌》。唱完，众人拍手叫好。接着，靡菲斯陀又要了一个花招，在桌子边上钻出洞来，每个洞里都流出了各自想喝的美酒，乐得这群大学生狂笑不已。年过半百的浮士德对这些低级荒唐的把戏和享乐并不感兴趣，急着要离开。

靡菲斯陀就带着浮士德来到了魔女之厨，意欲用爱情生活来引诱他。恶魔先让他对着一个很大的魔镜，镜子里立刻现出一个美女，引得浮士德向往、发狂。不一会儿，靡菲斯陀又催着浮士德喝下魔女的药汤。浮士德顿时青春年少，浑身爱情激荡。

青春焕发的浮士德在街上溜达。少女玛格莱由教堂回家，从他身边走过。她美丽的容貌立刻吸引了他的注意。他抢步上前，提出要挽着手送她回家。他的要求遭到拒绝，端庄的玛格莱撒手而去。

浮士德神魂颠倒，急切地要靡菲斯陀去把玛格莱捉来。如不从命，就和魔鬼一刀两断。靡菲斯陀心中大喜，连忙一口应承。这样，在靡菲斯陀的帮助下，浮士德很快获得了纯洁的平民少女玛格莱的爱情。为了能在家中享受爱情的祥和，玛格莱接受了浮士德的计谋：用安眠药使母亲沉睡。谁知用得过多，母亲竟一睡不醒，离开了人世。玛格莱无意中杀死了母亲，悲痛欲绝。她只有以悲痛和忏悔的心情祈求圣母把她从死亡和耻辱中拯救出来。不过，丑闻已经传遍市镇，原先的“花中女王”如今处处被人鄙视。

玛格莱的哥哥——军人华仑亭，一天晚上回家，正好碰上浮士德再次前来与玛格莱幽会，华仑亭一腔怒火正无处发泄，立刻向浮士德挑战。浮士德在靡菲斯陀的唆使和帮助下，拔剑杀了华仑亭。

哥哥又遭噩运，玛格莱再次被恐怖压迫着，终于昏倒在地。这时，浮士德却逃出法网，无忧无虑，与靡菲斯陀一道赶赴下流淫荡的瓦普几司的晚会去了。晚会结束后，靡菲斯陀告诉浮士德，玛格莱已身陷囹圄。这消息唤醒了浮士德怜悯的心，他狂怒地斥骂靡菲斯陀背信弃义，连狗都不如，接着坚决要求去救玛格莱，即使冒着生命危险也要去。

他们飞马连夜赶到监狱，玛格莱已经神经错乱，把浮士德来看她当做刽子手来提她到刑场。浮士德看到这般情景，内心悲痛万分，急切地催玛格莱出狱。但她不愿意走，她深知自己药死母亲，又害死了哥哥，是有罪的。天快亮了，死亡就要来临。任凭浮士德怎样劝逼，玛格莱都不出狱。靡菲斯陀冲来，不顾一切把悲痛欲绝的浮士德拖走了……

在阿尔卑斯山麓，侧卧在百花烂漫的草地上的浮士德，疲惫不堪，昏昏欲睡，无数精灵围绕着他唱歌跳舞，给他身上撒着迷魂川的水。浮士德一觉醒来，浑身轻松舒畅，没有一点罪恶感，他感到自己又有了一种坚毅的决心，要向新的生活高峰飞跃。

靡菲斯陀把他引入一个金銮宝殿，皇帝正想举行化装舞会，寻欢作乐。但国库空虚，财政发生严重困难。愤怒的群众正抗拒官兵横征暴敛。浮士德积极为国王献计献策，建议发行纸币，使王朝暂时渡过了财政危机。这时，皇帝又异想天开去见古希腊美人海伦和美男子帕里斯。浮士德借靡菲斯陀的魔法，招来了这对美男女。

海伦出现了，男人们个个神魂颠倒，浮士德更是销魂忘形。海伦俯下身去吻帕里斯，引起浮士德极大的醋意，便冲上前将魔术的钥匙触到帕里斯身上，引起一场爆炸，海伦化为烟雾消散。浮士德的学生瓦格纳正在进行“人造人”的实验，几百种元素在蒸馏、升腾、逐渐增长，一个小人儿终于创造成功。小人儿发现浮士德迷恋着海伦，自愿带他到古希腊去找海伦。

在那里，浮士德感动了地狱女主人，她放海伦重返阳间。海伦和浮士德一见钟情，结成夫妻。他们很快生了一个儿子欧福良。小欧福良酷爱高跃和飞翔，瞬间从空中坠地身亡。海伦悲痛万分，抱吻浮士德后消逝了。她留下一件白色衣裳，幻化为一朵云彩，托着浮士德腾空飞去。

浮士德降落在山顶上，俯视着无际的大海，一个庞大的计划又涌上心头：移山填海，造福人类。这时，国内发生内战，他下山帮助了国王，得到一片赐封的海滩，便立刻动手在这里建造一个平等自由的乐园。但有一对老夫妇不肯搬迁，靡菲斯陀便派人捣毁了他们的家门，放火烧了他们的小屋、教堂和丛林，两个老人被吓死了。这事引起了浮士德的忧愁。

这时，忧愁妖女乘机对他吹了一口阴气，使他双目失明。恶魔招来死灵，为浮士德挖掘墓穴，浮士德听到锄头的声音，以为这是响应他的号召前来移山填海的民众，顿时，他觉得大海变良田、人民安居乐业的新生活就要到来了。他满怀喜悦，情不自禁地喊出：“你真美呀，请停留一下！”

魔鬼契约立即生效，浮士德倒地死去。

浮士德终于满足了。魔鬼生怕他的灵魂逃走，口中念起咒语来。但这时天上的光明圣母派来一群天使，魔鬼被天使们的美貌迷住，忘记了守护的职责。天使们趁机抢走浮士德的灵魂，飞上天去。高空中，她们高唱着“凡是自强不息者，到头我辈均能救”，飞回天堂。天堂顿时欢声四起，众天使为战胜魔鬼、获得浮士德的灵魂而高奏凯歌。

人生小语

《浮士德》是德国大文豪歌德荡气回肠的代表作品，他描述的浮士德是人类的代表，被魔鬼引诱后自强不息、奋斗不止，最后被天堂接纳。

浮士德精神首先是一种独立自强的入世精神，同时也是一种不甘堕落、自强不息的追求精神，在西方人文社会影响甚广。

卧薪尝胆终复国

2400多年前，越王勾践“卧薪尝胆”复国灭吴的故事，盛传不衰，至今仍然催人奋进，促人图强。

春秋末期，吴国地处今江苏南部，越国则位于今浙江北部，两国紧密相连。但两国之间常常发生冲突和战争。

公元前497年，越王允常去世。吴王阖闾乘机大举进攻越国。这时候，越国国王允常之子勾践刚刚即位，闻讯立刻出兵抵抗。两军在吴越边界相遇时，勾践施计使罪人出阵，排成3行，把剑放在脖子上。这些罪人一个个挥剑自刎于阵前，吸引了吴国士兵的注意力，勾践乘机命越军袭击吴军，把吴军打得大败。越将还砍破了阖闾脚的大拇指头。阖闾狼狈逃窜，终因伤势过重而身亡。

吴王阖闾死后，他的儿子夫差即位。阖闾临终时对夫差说：“不要忘记报越国之仇。”后来，夫差叫手下大将伍子胥和伯嚭操练兵马，准备了两年，由吴王夫差亲自率领大军去攻打越国。越王大臣对勾践说："吴国练兵快3年了，来势凶猛。我们不要跟他们硬拼。"勾践不同意，硬要命令大队人马去跟吴军拼个死活。两国军队又在太湖一带交战，结果越军大败。

这时候，勾践只好派大将到吴国去求和，并且打听到吴国的伯嚭贪财好色，便将一批珍宝和美女西施，私下送给伯嚭，请伯嚭在夫差面前说些好话。吴王夫差不顾伍子胥的反对，答应了越国求和的要求，只是坚持要勾践亲自到吴国去。

勾践到了吴国，夫差让他们夫妇俩住在阖闾的大坟旁边的一间石屋里，叫勾践给他喂马。勾践被迫在吴宫当了3年奴仆，处处装出忠顺认罪的样子。夫差误认为勾践真心归顺他了，不听伍子胥的劝告，放他回国。

公元前491年，勾践回到越国，他自然咽不下吴王夫差侮辱他的这口气，立志发愤图强，报仇雪耻。他睡觉时，不睡在床上，而睡在稻柴草薪上面；在吃饭的房间里，悬挂一只苦胆，每次吃饭之前总要先尝尝苦胆的滋味，不断自嘱："千万不要忘记耻辱！"以此来磨炼自己的意志，激励自己不忘国耻。他礼贤下士，纳谏施政，休养生息，与民同甘共苦，富国强兵。公元前473年，终于灭亡吴国，夫差拔剑自杀。越王勾践成为春秋时期的最后一个霸主。这就是"卧薪尝胆"故事的由来。

人生小语

"卧薪尝胆"的故事，已为人们喜闻乐道，成了启迪人们心智、锐精图治、奋发进取的成语。

胯下之辱

公元前2世纪的时候，秦始皇统一中国。秦朝是中国历史上第一个统一的封建王朝，中国的万里长城就是在这个朝代初具规模的。但因为父子两代皇帝的暴政，秦朝的统治仅有15年。秦末，农民起义风起云涌，出现了许多英雄人物，韩信就是其中一位有名的军事统帅。

韩信是汉朝开国时的一位著名的军事统帅，他出身贫贱，从小就失去了双亲。建立军功之前的韩信，既不会经商，又不愿种地，家里也没有什么财产，过着穷困而备受歧视的生活，常常吃了上顿没下顿。他与当地的一个小官有些交情，于是常到这位小官家中去吃免费饭，可是时间一长，小官的妻子对他很反感，便有意提前吃饭的时间，等韩信来到时已经没饭吃了，于是韩信很恼火，就与这位小官绝交了。

没有谋生手段，为了生活，韩信只好闲着没事到当地的淮水钓鱼，有位洗衣服的老太太见他没饭吃，便把自己带的饭菜分给他吃，这样一连几十天，韩信很受感动，便对老太太说："总有一天我一定会好好报答你的。"老太太听了很生气，说："你是男子汉大丈夫，不能自己养活自己，我看你可怜才给你饭吃，谁还希望你报答我。"韩信听了很惭愧，立志要做出一番事业来。

在淮阴城，有些年轻人看不起韩信。有一天，一个少年看到韩信身材高大却常佩带宝剑，很不服气，便在闹市里拦住韩信，说："你要是有胆量，就拔剑刺我；如果是懦夫，就从我的裤裆下钻过去。"围观的人都知道这是故意找碴儿羞辱韩信，不知道韩信会怎么办。只见韩信想了好一会儿，一言不发，就从那人的裤裆下钻过去了。当时在场的人都哄然大笑，认为韩信是胆小怕死、没有勇气的人。这就是后来流传下来的"胯下之辱"的故事。

其实韩信是一个很有谋略的人。他看到当时社会正处于改朝换代之际，于是专心研究兵法，练习武艺，相信会有自己的出头之日。公元前209年，全国各地反对秦朝统治的农民起义爆发了，韩信加入其中一支实力较强的军队。军队的首领就是后来成为下个朝代开国皇帝的刘邦。最初，韩信只是做了一个管押运粮草的小官，很不得志。后来他认识了刘邦的谋士萧何，两人经常讨论时事和军事，萧何认识到韩信是一位很有才能的人，于是极力向刘邦推荐，但刘邦仍不肯重用韩信。

一天，心灰意冷的韩信悄悄离开刘邦的军队，投奔别的起义军。萧何得到他离开的消息后，也没向刘邦汇报，赶忙骑马去追韩信。刘邦得到消息，以为是二人逃跑了。过了两天，萧何和韩信回来了，刘邦又惊又喜，责问萧何怎么回事。萧何说："我是为您追人去了。"刘邦大惑不解："过去逃跑的将领有几十个，你都不去追，为什么单单去追韩信呢。”萧何说：“以前逃跑的将领都是平庸之辈，容易得到，至于韩信是难得的奇才。如果您想争夺天下，除了韩信您就再也找不到同您计议大事的人了。”刘邦说：“那就让他在你手下做个将领吧。”萧何说：“让他做一般的将领，他未必肯留下来。”刘邦说：“那就让他做一个军事统帅吧。”从此，韩信由一名运粮官变成了一位将军。在后来帮助刘邦打天下的过程中，他每战必胜，立下了赫赫功勋。

人生小语

得不到他人的肯定，穷困就像一种消耗人意志的无形毒药，随时可能使人随波逐流，只有强大的自立精神才能与之对抗。韩信怎样变成大将军的呢？发愤自强是其中的秘诀。

自强之路

我的父母都是普通的职工。我成了他们的希望，而我也立志要考上大学。

6 岁那年，爸爸在加夜班的时候铁屑崩到了眼睛里，左眼失明了。我 11 岁那年，爸爸因肾积血手术摘掉了左肾，再也无法进行体力劳动。我读初一时妈妈下岗了，家的生活只剩下爸爸每月 200 元的工伤补助费维持。那段日子似乎空气都变得压抑。我毅然做出了一个决定：打工，我要自己供自己上学。

我从同学那借来 50 元钱，去批发市场进了一些小工艺品，准备像校门口的小贩那样。但是那天中午，我竟然没有勇气从包里把货物拿出来。不过货如果卖不出去，我连借的 50 元钱都无法偿还。第二天中午我去了一所比较远的学校门口。好久，一个小同学走过来，问我：“这是卖的吗？”我急忙点头。那天我赚了一毛钱，我深深地体会到了赚钱的艰辛。

一个月以后，我赚到了 80 元钱。我用 23 元买了一本向往已久的《题典》。走出书店，我突然感觉天空是那么蓝。回到家爸爸诧异地问我钱是哪来的，我这才告诉了他。他什么也没说，但我看到他的嘴角在不停地颤抖。一个多星期后的中午，大家正在吃饭，爸爸突然问我："你是从哪里进的货呀？"我很奇怪，可他看也不看我一眼，只是伸出筷子夹菜去了。不久，爸爸和我一样，开始到一所小学校门口摆地摊卖货了……我十分感激父亲……

一次，我蹲在夜市的一角吆喝着。一个八九岁的男孩被我的工艺品吸引，但他母亲说什么也不给买，拉着他走出五六米远的时候，我突然听见她在呵斥："看到没有，你要是不好好学习，将来也只能摆地摊。"

每年最轻松的是寒暑假，有一年寒假，我从早市批发了一丝袋粘豆包，在下午下班高峰时，我到不远的马路旁叫卖。不到两小时，豆包就全部卖光了，我赚了36元钱，是我赚得最多的一天，我高兴极了。第二天，我又批发了一丝袋，也都卖光了。第三天再去那熟悉的地方卖，却少有人买。我想了想才明白，原来人们吃豆包是一种尝鲜、怀旧的心理。于是我不断地换地点，爸爸也来帮忙。二十几天，我们走遍了附近不远的马路，赚了600多元。

就这样，依靠自食其力我完成了学业，并且我以高考作文满分、总分600分的成绩被哈尔滨工程大学录取。

人生小语

这是小圆（化名）的自述，她是不幸的，从小就经历了很多磨难；但她也是幸运的，正是那些不幸的遭遇让她学会了独立自强的生活方式。看完她的自述，我想每一位读者都会对她生出一种敬意。

自强避免堕落

我叫小玉（化名），一个处在花季的女孩，应该生活在充满阳光、充满色彩的世界里。然而，我却因诈骗被关押在看守所里。

从我记事的那一天起，爸妈就视我为掌上明珠，从不舍得打我一下骂我一句。我感觉我的童年是金色的。但是，正是这种“衣来伸手，饭来张口”的生活让我变得好吃懒做。家里的活都由姐姐来做，我连想也不想。我最大的乐趣就是吃好吃的，穿漂亮的。

爸妈也曾梦想我能考上大学，但我觉得学习很苦，每天都得写呀、算呀、背呀的，弄不好还让教师批，所以始终提不起学习的兴趣，成绩当然不理想。为了避免家长、教师的批评，考试的时候我总是打小抄。因此，我经常被教师抓住，家长也多次被请到学校。爸妈见我不是学习的料，也就由着我的性子了。姐姐有时劝我几句，我连听也不听，时间一长，她也不管了。没有了学习的压力，没有了别人的督促我感到自由极了，我可以随心所欲地看电视，从“动画城”一直看到“午夜剧场”。

可随着年龄的增长，我已不满足成天闷在家里。外面的世界很精彩，我要亲自到外面去看一看。于是，一些花钱大手大脚的同学成为我的友人。周六、日我们总在街上闲逛。起初，父母也从不干涉，直至我与社会无业青年混在一块他们才着了急。他们要求我和那些人断绝关系，不过自小任性的我根本不听。我结交的友人他们不喜欢，我就和他们吵。后来我一气之下离开了家，学也不上了，跟友人在社会上混，认识的下三滥的人也越来越多，走的道路也越来越邪……

有一次我在外面受了委屈，忽然想到好几个月没回家了。我拿起电话打给家里，是妈妈接的。妈妈听见我的声音哭了，她说：“老姑娘，你在哪呢？你回来吧，只要你回来，不管犯了什么错都可以原谅。你记住：只有狠心的儿女，没有狠心的爹娘。”听着妈妈的话，我才明白自己是那么狠心，那么没心没肺……我回家了，那天爸爸特意做了许多我最爱吃的东西。我很高兴，感觉好久没那么开心过了。我在家里待了一段日子，阳光般的暖意又温暖着我。

好景不长，无所事事的日子让我感到无聊。书懒得读，家务活也不让我干，我想找个班上，父母说年龄小过 2 年再说。我总不能成天吃了睡，睡了吃啊。不久，我又开始给那些友人打电话了。他们答应带我出去玩，我很高兴。不过爸爸妈妈不答应。我又一次和父母吵了起来，狠心地离开了家。我们每天吃饭店，洗桑拿，玩市里最好的迪吧，夜里还去吃烧烤。说实话，我知道父母很疼我。然而，我不再是吵着要糖吃要花戴的小姑娘了。我舍不得我的友人，我愿意和他们一起说话，喜欢看他们听我讲新鲜事的表情，从他们那里我感受到了个人存在的价值。有时我也不知为什么，父母越反对，我越和那些友人交往密切。就这样，家成了旅店，与父母的感情越来越淡。直至我走进看守所里，才有一种噩梦初醒的感觉。

人生小语

看完上面这位少女的话，青少年朋友有什么感想呢？

现代社会物质丰富，父母对我们几乎百依百顺，使我们过着幸福的生活，然而这背后也埋藏着一些隐忧，因此更需要培养我们的独立精神，摆脱对父母家庭的依赖，早日成长为一个真正的社会人才。

学习能力

知识是夺不走的财富

有人说："世界的财富装在犹太人的口袋里。"但是犹太人是如何致富的，看了下面的故事你就会明白。

一天，犹太商人菲尔德与他的法国好友去逛书市。他们发现书市上经商一类的丛书五花八门，这类书的宗旨，简单说，不外乎是教人如何成为有钱人的秘诀。

菲尔德走马观花地翻了几本，皱了皱眉头说："这些书大都有一个共同的错误观念。"

"什么错误观念？"友人吃惊地问。

"你看，它们都强调人与人之间的关系是最重要的经商秘诀。"菲尔德笑着说。

"这要具体分析。"菲尔德说，"我们犹太人对八面玲珑很会交际的人并不大欣赏，我们甚至怀疑这种人因为缺乏才能而刻意在交际上用工夫，以补救个人能力上的不足。犹太人认为，经商成功的秘诀在于学问、知识和能力。"

人生小语

“只有知识才是夺不走的财富。”犹太人很早就领悟、发现和重视知识的作用，所以，犹太人历来重视教育。所谓“没有知识的商人是不合格的商人”，但“合格的商人不一定都是人缘好的人”，这也是犹太人重视教育的结果。

21 世纪是知识大爆炸的时代，一个人没有知识，缺少智慧最终将被无情地淘汰。拥有了知识就拥有了力量，拥有了知识就拥有了财富。

在学校里才是学习吗

早在 1988 年的时候，日本就在文部省设立了终身学习局，作为推动终身学习体系建设的组织机构。当时世界上还没有哪个国家为终身学习体系的建设而专门设立国家级行政管理机构，日本可以说是首开先例。更为可贵的是，1990 年，日本内阁通过了由文部省提出的《终身学习振兴法案》，同年，由国会通过了《关于整备振兴终身学习推进体制的法律》，即《终身学习振兴法》，并同时在文部省设立了终身学习审议会。由国会专门制定终身学习的国家法律，这在世界也是先例。

终身学习审议会作为直接听命于文部大臣的咨询机构，是制定终身学习政策的国家性机构。在建立终身学习体系的过程中，终身学习审议会根据发展的状况和需要，及时提出对全国具有指导性的政策。如 1996 年的咨询报告从如何加强终身学习功能的角度提出各种教育机构的角色地位，即向社会开放的高等教育、根植社区的中小学、适应社区居民需要的社会教育和文化体育设施、为终身学习作贡献的研究和研修设施等。

文部省作为国家主管教育的行政机关，在推进终身学习体系建设中发挥着重要作用。这些作用包括：1. 加强与政府有关部门的协调沟通。为了整合力量开展多样的学习活动，促进全社会学习化，文部省在推出和实施终身学习的政策之际，都会积极谋求与政府其他部门的联系和合作；2. 制定全国性标准。比如，1995 年，会同通产省联合发布《关于承认区域终身学习振兴基本构想的基准》的第一号告示；3. 根据终身学习审议会的报告，提出政策性建议，进行有关振兴终身学习的制度建设，建立对终身学习成果的评价制度和专门指导人员制度等；4. 对地方政府和民间社团给予资助和支持；5. 建设地方政府和民间难以建立的全国性终身学习机构，如建立和加强放送（广播电视）大学，设立国立青少年教育场馆等“基础性设施”。

依据终身学习振兴法，地方各级政府对发展终身学习规定了明确的责任。各地政府不遗余力地加强了推进体制的建立，包括制定地方性法规，设立专门的行政机构，制定终身学习振兴计划，设立“终身学习推进中心”和制定地区终身学习发展规划等。

在 1990 年，京都就出台了全国第一个地方性有关终身学习的条例《京都府终身学习审议会条例》。目前，日本在所有类似中国省一级的地方政府都建立了专司终身学习建设的行政机构，同时设立了协调行政部门和其他有关机构、团体的工作机构——终身学习推进会议，以及设立了与民间进行沟通联系的机构。

人生小语

建立终身学习体系，从国际比较看，在欧美和亚洲一些国家和地区，发展水平最高的国家当属日本。日本举国上下全力进行终身学习体系的建设，其推进体制的建设远走在世界其他国家的前列。

不光学校里才能学习，终身都要学习的概念，在我国青少年朋友中还不是很普及。其实古人早就讲过：活到老，学到老。而在我们一衣带水的邻国日本，更是早已明白了这个道理。

孤独中求学奋进

张海迪，1955 年出生在济南。5 岁不幸患脊髓病、高位截瘫。从那时起，张海迪开始了她独到的人生。

她无法上学，便在家自学完成中学课程。15 岁时，海迪跟随父母，下放山东聊城农村，给青少年当起教书先生。她还自学针灸医术，为乡亲们无偿治疗。后来，张海迪自学多门外语，还当过无线电修理工。

在残酷的命运面前，张海迪没有沮丧和沉沦，她以顽强的毅力和恒心与疾病作斗争，经受了严峻的考验，对人生充满了信心。她虽然没有机会走进校门，却发奋学习，学完了小学、中学全部课程，自学了大学英语、日语、德语和世界语，并攻读了大学和硕士研究生的课程。1983 年张海迪开始从事文学创作，先后翻译了《海边诊所》等数十万字的英语小说，编著了《向天空敞开的窗口》、《生命的追问》、《轮椅上的梦》等书籍。其中《轮椅上的梦》在日本和韩国出版，而《生命的追问》出版不到半年，已重印 3 次，获得了全国“五个一工程”图书奖。在《生命的追问》之前，这个奖项还从没颁发给散文作品。她还创作了一部长达 30 万字的长篇小说《绝顶》。从 1983 年开始，张海迪创作和翻译的作品超过 100 万字。

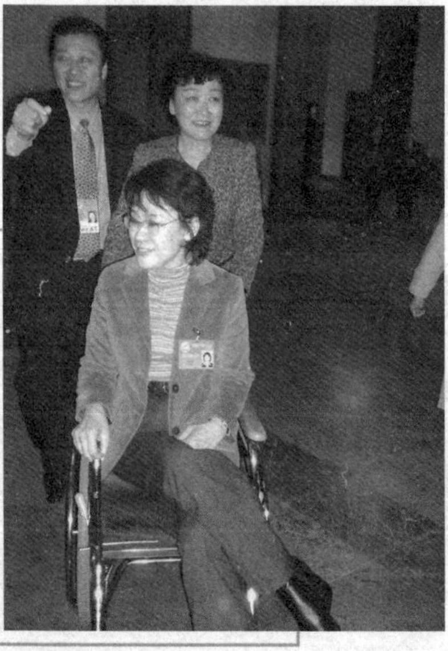

张海迪

为了对社会作出更大的贡献，她先后自学了十几种医学专著，同时向有经验的医生请教，学会了针灸等医术，为群众无偿治疗达 1 万多人次。

1983 年，《中国青年报》发表《是颗流星，就要把光留给人间》，张海迪名噪中华，获得两个美誉，一个是“80 年代新雷锋”，一个是“当代保尔”。

张海迪怀着“活着就要做个对社会有益的人”的信念，以保尔为榜样，勇于把个人的光和热献给人民。她以个人的言行，回答了亿万青年非常关心的人生观、价值观问题。邓小平亲笔题词：“学习张海迪，做有理想、有道德、有文化、守纪律的共产主义新人!”

张海迪现为全国政协委员，供职在山东省作家协会，从事创作和翻译工作。

张海迪说：“我像颗流星，要把光留给人间。”她怀着这样的理想，以非凡的毅力学习和工作，唱出了一首生命的赞歌。

“活着，就要为人民做事。”张海迪是这样说的，也是这样做的。1970年，她15岁的时候，跟着父母到农村生活，就开始处处为别人着想，为人民做事。她发现小学校没有音乐教师，就主动到学校教唱歌。课余她还帮助学生组织自学小组，给学生理发、钉扣子、补衣服；她发现村里缺医少药，就决心学习医疗常识和技术，用零花钱买医学书、体温表、听诊器和常用药物。她先后读完了《针灸学》、《人体解剖学》、《内科学》、《实用儿科学》等医学书籍。学针灸时，为了体验针感，她在自己身上反复练习扎针。短短的几年，她居然成了当地年轻的“名医”。只要有人求医，她就热情接待。重病号不能行动，她就坐着轮椅，登门给病人扎针、送药。有一位姓耿的老大爷，因患脑血栓后遗症，6年不能说话，并瘫痪了3年，一直没治好。张海迪一面在精神上鼓励耿大爷增强战胜疾病的信心，一面翻阅大量书籍，精心为耿大爷治疗。后来，耿大爷终于能说话了，也能走路了，这使张海迪深深体会到了为人民服务的幸福。

人生小语

张海迪把为社会、为人民做事，当成最大的幸福。她的崇高精神，闪烁着共产主义的光芒。

“有人说，人生在世，吃好，穿好，玩好是最幸福的。我觉得人生在世，只有勤劳，发愤图强，用自己的双手创造财富，为人类的解放事业——共产主义贡献自己的一切，这才是最幸福。”

盖茨读书

比尔·盖茨是知名全球首富，是美国非常有名的企业家、慈善家、微软公司的董事长。他与保罗一起创建了微软公司。1995~2007年的《福布斯》全球亿万有钱人排行榜中，比尔·盖茨连续13年蝉联世界首富。2008年6月27日他正式退出微软公司，并把580亿美元的自己的财产尽数捐到比尔与美琳达·盖茨基金会。《福布斯》杂志2009年3月12日公布全球富豪排名，比尔·盖茨以400亿美元资产重登榜首。

盖茨少年时候，在外祖母的帮助与指导下，成了兴趣广泛、废寝忘食的读者——读书成了他打发时间的好方式。他十分喜欢离他家不远的一个图书馆举行的夏季阅读比赛，他总是得男孩中的第一名，偶尔也会勇夺总冠军。外祖母意识到比尔·盖茨在思维与记忆上的潜力，于是总是不失时机地激活比尔这方面的潜能，有时祖孙俩到公园散步，外祖母常会与比尔·盖茨交流下棋的技术或看某篇佳作的读后感，让比尔寻找更新的方法或表达更独到精辟的见解。

盖　茨

比尔·盖茨的父母也十分关注孩子的成长。他们在质朴的处世方式中，更多地关心孩子的成长与教育，他们在工作之余总是尽可能地与孩子们待在一起。一家人不断地进行各种游戏，从棋类到拼图比赛，几乎包括所有的益智游戏。

随着儿子年龄的增长，家庭中的环境已无法满足比尔·盖茨天赋的进一步发挥。小比尔有时还会责备母亲智力不足。于是，父母把目光投向社会，积极为比尔寻找属于他的空间。在一次活动中，比尔·盖茨给班上准备一份报告，叫《为盖茨股份有限公司投资》。这篇报告几乎成了全家人的事，他的外祖母帮着弄封面，连父亲也插手帮忙，气氛很活跃。

小学毕业后，父母在征求比尔·盖茨的意见后，送他进了湖滨中学。在湖滨中学，比尔痴迷上了令他今后倾注毕生精力的计算机。

比尔·盖茨在湖滨中学读书时，常按个人的兴趣爱好来安排学习。比尔·盖茨在喜欢的课程上下工夫，学得非常棒，如数学和阅读方面。每次父母看到比尔拿回来的成绩单，尽管他们知道比尔在一些课程上会学得更好，但他们并没有拉下脸来责备比尔·盖茨。

中学毕业后，比尔·盖茨很想到哈佛大学去读书，这也正是父母最大的心愿。幸好，比尔·盖茨的父母并没有像其他父母那样把青少年看做个人的私产，必须让青少年们来完成父母喜欢的事。经过冷静思考后，父母放弃了让儿子当律师的想法，让比尔·盖茨在大学里自由发展。这一点帮了比尔·盖茨的大忙。

但一年后，更大的难题摆在了比尔·盖茨的父母面前：比尔·盖茨要离开哈佛大学，放弃锦绣学业，与别人一起创办计算机公司！

比尔与父母多次交谈，平静地表达了个人的想法。了解儿子秉性和志向的父母又能说什么呢！或许儿子的天赋与计算机事业是最佳的切合点吧！比尔·盖茨便毅然离开了令亿万学子向往的哈佛大学，开始在软件领域大展宏图。

人生小语

有人说盖茨大学辍学去创业，可见学习与成功是无关紧要的。实际上盖茨从来都是一个好学上进的青年。不读大学并不是不爱学习。

世界首富盖茨“裸捐”已经很久了，他为何不给孩子留遗产？因为他自己靠学习和努力获得了今天的一切，他不希望子女光知道依赖父母的财富，而不知道学习和奋斗。

为了青少年将来的健康成长，希望青少年努力学习，早日成功，不要依赖父母。

休病自学的三毛

三毛是著名台湾作家，原名陈平，原籍浙江定海，1943 年生于四川重庆。

1948 年底，举家迁居台湾。童年的三毛并未立志当一名作家，她喜爱美术，幻想将来成为一位画家的妻子。

三毛小时候曾读过一本《三毛流浪记》，对她影响很大，从此便沉迷于书海之中，疯狂地爱上了文学。长大后开始写作，她不署名陈平，而以“三毛”为笔名，作为纪念。读小学、中学时，三毛的文章写得不错。在小学时，她便开始给报刊投稿了，参加学校讲演的稿子都是她亲笔写的。在初中，她还学过写诗。

三毛早年的人生道路是崎岖坎坷的。就读于台北某女中时，三毛对数学不感兴趣，成绩很差，教师以此嘲讽她，好强的三毛为不受歧视，发奋用功，终于获得了好成绩。但这位教师误为“作弊”，竟在她脸上画圈，叫她绕跑道跑，在她幼小的心灵上留下巨大的创伤，患了严重的厌学症。她父亲得知此事后，让她休学。

三　毛

从 13 岁到 20 岁整整 7 年的时间里，三毛都是在家自学的。她的父亲陈嗣庆是一位律师，母亲缪进兰也有很好的文学修养，都耐心地教导她。回忆往事，三毛说：“不是妈妈的熏陶，我写不出来这许多文章。”在那段不短的岁月里，三毛用功读书，孜孜不倦。她读唐诗、宋词、《古文观止》，看《红楼梦》、《水浒》……学绘画，弹钢琴，还学会了英、日、法、德文，尤为出色的是西班牙文学。

20岁那年，三毛的好友鼓励她进大学求知。在得到台湾文化学院院长张其昀的允诺后，三毛进该校深造。最初她学的是哲学，两年后转入新闻系。在大学读书时，她的教师读了三毛写过的一篇3万多字的文章后感动得哭了，认为三毛是他的学生中“最有才华”的一位。

三毛出版过10多本著作，大都是散文集，其中有《雨季不再来》、《稻草人手记》、《撒哈拉的故事》、《哭泣的骆驼》、《温柔的夜》、《梦里花落知多少》、《背影》、《送你一匹马》、《倾城》、《我的宝贝》等。三毛还译有《兰屿之歌》、《娃娃看天下》等书。后者是1000页的西班牙漫画书。为译此书，三毛与丈夫荷西曾历时8个月，每天晚上不看电视，将门锁上，工作到深夜。

三毛满怀激情地把漫游世界的所见所闻，挥笔成篇。她写的多是真实的事情，自称其作品“几乎全是传记文学式”的。她还说过，“我并不是作家，只是一个生活的记录者。”她的作品自成风格，生活气息浓厚，感情真挚。有人评论她的作品风格是“朴实、自然、坦率、真情”。

20世纪70年代中期，三毛的作品在台湾极为畅销，一度出现过“三毛热”。有人说，三毛在台湾文坛掀起了撒哈拉沙漠风暴，让喜爱她的读者噙着泪水，带着微笑，注视着她的足迹，从沙漠到海岛，拨动了无数读者的心弦。1986年她还被评为“台湾最畅销书10大作家之一”。

一位台湾作家指出，三毛的文笔清新通俗，具有强烈的个性，这可能是她的作品特别受读者欢迎的原因。一位台湾心理学教师分析说，三毛将南美洲描写得那么好，事实上那儿却是战火连天，充满人间的苦闷。生活既然有这么多的苦闷、束缚，尤其年轻人，面对着现有制度下巨大的压力和挑战，大家多么希望在精神上暂时舒放自由一些，逃避到一个没有战争，没有恨，到处充满爱的世界。这也许是三毛文章受欢迎的原因。

人生小语

生活，是一种缓缓如夏日流水般的前进，我们不要焦急。我们三十岁的时候，去急五十岁的事情。

齐白石学画

齐白石于 1864 年 1 月 1 日出生在湖南湘潭杏子坞星斗塘的一个农民家庭。小时候家境十分贫寒。齐白石在 7 岁时，靠母亲变卖从烧饭用的稻草中捡拾的谷子，上了几个月的私塾“发蒙”。之后，终因生活窘迫而辍学，他砍柴、割草、牧牛，同时个人习画。荷花、桃花、喜鹊、公鸡、垂钓老人、采莲妇女……只要有机会拿起画笔，他就会细心地捕捉身边美好的事物。

12 岁那年，父亲叫他学门手艺。齐白石少年时候身单力薄使不动犁耙，被送到一个木匠家当了学徒。他先学做粗工，一年后改学雕花木工，当了细木匠，很快闻名全乡。为了真正掌握雕花技巧，他不仅细心琢磨，还苦练绘画。一天，齐白石跟师傅出去做活，在雇主家见到了一本乾隆年间翻刻的《芥子园画谱》。他如获至宝，与雇主好说歹说借了回去。回家后，他跟母亲商量好，从每月工钱里拿出一点钱来买纸和颜料，一笔一画地临摹起来。白天干活晚上画画，经常画得两眼酸痛，连鼻孔也被照明用的松明子熏黑了。

半年后，一部《芥子园画谱》全部被他临摹了下来。从此，这本画册成了他的美术教科书。10 多年的木匠生涯中，他曾以扎纸出身的萧传鑫为师学画“影像”，后来兼做“描容”。其接触艺术之始，就生根于人民生活和民间艺术传统的审美情趣之中。齐白石不仅虚心向书本、师傅学习，而且特别注意“师法自然”，在实践中学习。最初，齐白石画的虾，长臂和躯干变化不多，长须也大多画成平摆的 6 条长线。他个人很不满意。于是，他在家中案头摆了一只大海碗，碗里养着几只活蹦乱跳的小虾。齐白石每天都在碗旁仔细观察小虾的活动。从此，他画的虾就更加神态多变，活灵活现了，直到 27 岁，齐白石才有机会拜师本乡文人画家胡沁园学画工细花鸟草虫，从师陈少蕃学习诗文，向本地画家瓮塘居士谭溥学山水画等。自此，他这个木匠兼画匠，从生活的最底层起步，迈向茫茫无涯的艺海和人生。

齐白石 32 岁时，那年他的家乡来了一位号称篆刻名家的文人，求他刻印的人很多。齐白石也拿了一方寿山石去求刻名印。过了几天去取，此人退还石章说："磨磨平，再拿来刻！"白石见石章光滑平整，但既然这么说，只好磨了再拿去，那人看也没看，随手搁在一边。又过了几天去问，仍退还石章，倨傲地叫白石回去再磨，白石气愤之下，收回石章，决心个人学刻印，并当夜用修脚刀刻成一方印。从此他不断向友人请教刻印方法，并参用雕花手艺，慢慢地学起篆刻来。

木匠出身的齐白石，30 多岁时，已成为民间画匠能以绘画为业了。他爱好刻印，一次他看到非常有名的篆刻家黎微刻印，就向他学习，他问黎的弟弟铁安说："我总刻不好，怎么办呢?"铁安对他戏说："你呀，把南泉冲的楚石，挑一担回去，随刻随磨，刻它三四大盒，都化成石浆，印就能刻得好了。"齐白石一听，就发愤努力，经常弄得东面屋里浆满地，又搬到西面屋里去刻，正是这样的刻苦努力，使他后来在篆刻艺术方面达到很高的水平。

人生小语

齐白石是造诣很高的现代绘画大师，继清末民初海派画家之后，他把传统中国画推到了一个新的高峰。他的人品、绘画、诗句、书法、篆刻，无不出类拔萃。他的风格对现代乃至当代我国国画创作产生了极为重大的影响。齐白石出身农民家庭，原来只是木匠，后来才学画，学篆刻的时候已经 40 多岁，这种自学精神很令人惊叹。

机智的能力

随机应变的急才

苏联中央电视台女播音员、国家奖金获得者列昂节耶娃有一次给观众介绍一种摔不破的玻璃杯，几次准备试验都很顺利，真不巧，正式播出时竟摔得粉碎。如果当时她惊慌失措，就必然目瞪口呆。列昂节耶娃不愧是人民演员，她非常镇定地灵机一动："看来发明这种玻璃杯的人没考虑到我的力气。"幽默的语言，一下子使自己从窘境中摆脱出来。

列昂节耶娃在一次主持少儿节目时，还未开口就听见那只准备给观众看的鹅先叫了起来，她就从"鹅叫"这件事联想开去，将它拟人化了。她马上镇静地说道："小朋友们，你们听到了吗？咱们今天请的客人已经不耐烦了呢，节目现在就开始吧！"天衣无缝，就好像原来就是如此设计的。

人生小语

随机应变的急才是指在随时随地的语言交往中，自己或者他人的言语行为出现突发事件或意外情况时，能灵活地、迅速地、恰当地做出反应并进行处理，应变力就是这种反应和处理能力。

孔子家禽

《世说新语》曾记载过一个姓杨的9岁小孩堪称天才的故事。一天他家来了位叫孔平君的客人，他拿出杨梅招待。孔平君指着杨梅开玩笑说："杨梅是你们杨家的果子啊。"没料到孩子立即以孔平君的姓氏应声答道："没听说孔雀是孔子家禽啊！"

从对方的姓联想开去，把孔雀称作孔家禽，以此谬论，有力地反驳了对方。

人生小语

应变的语言总是与平和的心境联系在一起的。要想提高应变力，必须注意控制个人的感情。如联想丰富，往往能说出许多"神来之语"，所以要提高应变力往往可以就对方、对方的话或身边的事联想开去。

诗变词

传说有位书法家给慈禧太后题扇，上写王之焕的诗："黄河远上白云间，一片孤城万仞山。羌笛何须怨杨柳，春风不度玉门关。"不料，这书法家疏忽，少写了一个"间"字，慈禧看后大怒，认为书法家欺她没学识，便要问其死罪。

这时，书法家急中生智，忙道："太后息怒！我这是用王之焕的诗意填写的词啊！"当即念道："黄河远上，白云一片，孤城万仞山。羌笛何须怨？杨柳春风，不度玉门关。"那时题扇不点标点，书法家巧断错，将漏了字的诗变成一首绝妙好词，使慈禧太后听了转怒为喜。

人生小语

要随机应变，就要了解听众，熟悉听众。只有掌握了听众的思想状况、心理特征，说话才能有的放矢，达到预期的效果。要善于捕捉对方的情感反应，迅速做出反馈，随时调整某一部分内容或某一部分结构。

将错就错

评弹唱家马如飞一次在唱《珍珠塔》时不慎把“丫环步出了房”唱成“出了窗”，听众哄堂大笑。

马如飞毫不惊慌，镇静地补一句：“到阳台自去晒衣。”听众报以热烈的掌声。

不料他一疏忽，又把“六扇长窗开四扇”唱成“开六扇”，这时观众静听他如何补误。只听他唱道：“还有两扇未曾装。”顿时，满堂喝彩，马如飞取得了反败为胜的更大效果。

人生小语

“一言既出，驷马难追”，由于时间紧促，不容周全地考虑。这“一言”难免有错，这就需要靠表达者的应付能力渡过难关，将错就错，弥补原有失误，把交流继续下去。

转移话题

提起日本女演员中野良子，许多人都非常熟悉。她塑造的电影《追捕》中的真由美形象，到现在还令人念念不忘。正当良子在日本当红的时候，她毅然淡出演艺圈，做起了和平大使，说起来也有20多年了。

“真由美”的艺术形象对人们的影响太深远了，以至于20多年后人们的问题依然离不开《追捕》，离不开“杜丘”，离不开“真由美”，而中野良子流露出的对中国观众的挚爱和感激之情也令人动容，也许“真由美”并不是她塑造的最成功的艺术形象，但绝对是她认为的“银幕化身”。中野良子满怀深情地说：“20多年来，无数中国观众喜爱‘真由美’这个人物，自己也一直沉浸在这个人物的世界之中，我无比感谢中国观众对我的厚爱，正是这种厚爱，给了我一种巨大的力量，使我不断地在人生的道路上去努力奋斗。”

看过日本影片《追捕》的观众都不会忘记这个镜头：在“啦呀啦”的优美旋律中，在一望无垠的原野上，在东京警视厅警探的围追堵截下，真由美与杜丘相拥在马上驰骋，她长发飘飘，英姿飒爽……她和“杜丘”堪称20世纪80年代初中国观众最熟悉和喜爱的银幕形象，“真由美”的扮演者——日本影星中野良子也成为了无数中国观众心中的偶像。

中野良子到上海进行艺术活动时，我国友人十分关心这位35岁还未结婚的电影艺术家。有人问她准备什么时候结婚。中野良子笑容满面，十分友好而机智地说：“如果我结婚，就到中国来度蜜月。”

人生小语

这一回答既爽朗又巧妙把“在何时结婚”的问题变成了“在何地度蜜月”的问题，避开了她不想公开正面回答的问题，使人们不好再追问下去，同时又非常强烈地表达了她对我国人民的友好感情。听者无不为她的口才和风度而叹服。这种巧妙地避开对方言语锋芒的能力，也可以说是一种随机应变的急才。

应对无聊的事情

法国英雄拿破仑·波拿巴从意大利得胜归来时，他的赫赫战功震惊了巴黎上流社会。许多贵妇人纷纷写信给他，表达爱慕之情，有的甚至提出

拿破仑画像

约会，以此来提高个人的身价，对此拿破仑置之不理。

然而，在一些舞会上，有些贵妇人却在众目睽睽之下缠着拿破仑不放，以便引起其他人的注意，这让拿破仑很尴尬。拒绝对方吧，显得自己没有绅士风度；不拒绝她吧，她往往得寸进尺。后来，拿破仑想出一个妙计，微笑地拒绝对方的要求，这样既可以让贵妇人不丢面子，又可以保全自己。

有一次，他碰到一个非常刁钻的贵妇人，着实让他费尽脑汁。这个贵妇人就是斯达尔夫人，她是当时有名的文学家，才思敏捷，在社交界声望很高。她曾多次给拿破仑写信，希望结识这位赫赫有名的战将，然而都没有回音。在一次舞会上，她与拿破仑相遇了。她拿着桂枝迎着拿破仑走来，拿破仑想躲已经来不及了。

斯达尔夫人想把桂枝献给拿破仑，以此来表达个人的倾慕之情，更希望拿破仑记住她。

“应该把这桂枝留给缪斯。”拿破仑微笑地说道。而斯达尔夫人却继续与他攀谈，根本不想离开。

“将军最喜欢的女人是谁呢？”

“是我妻子，夫人。”

“这太简单了，您器重的人又是谁呢？”

“是最会料理家务的女人，夫人。”

“这我想到了，那么您认为谁是女中豪杰呢？”

“是生孩子最多的女人，夫人。”

拿破仑始终微笑地回答斯达尔夫人的提问，压根不说斯达尔夫人所期望的答案，即希望拿破仑回答的是她自己。拿破仑的这种做法既使她保住面子，又让她自觉没趣，她也微笑着离开了拿破仑。

人生小语

幽默的话语，具有使人愉悦、给人美感的作用。在适当的场合，以幽默的谈吐来增强交际的生动性和亲切感，已被看做一个人的优点。国外把“有幽默感”作为评价大学教师教学好坏的标准之一，可见语言具有幽默感是何等的重要。

对答领导更需要机智

因为皇帝有生杀予夺的权力，中国古代君臣关系是最为危险的领导和下属关系。清代有名的才子纪晓岚，体态肥胖，特别怕热，一到夏天，就汗流浃背，连衣服都湿透了。因此，他和同僚们在朝廷值班时，常找个地方脱了衣服纳凉。

乾隆皇帝知道了，存心戏弄他们。这天，几个大臣正光着膀子聊天，乾隆突然从里边走出来，大伙儿急急忙忙找衣服往身上披。纪晓岚是近视眼，等看到皇上时，已经来不及披衣服了，只好趴在地上，不敢动弹，连大气都不敢出。

乾隆故意坐了2个小时不走，也不说一句话。纪晓岚心里发慌，加上天热，一个劲儿流汗。半天听不见动静，他悄悄地问：“老头子走了没有？”

这一下乾隆发怒了，说：“你如此无礼，说出这样轻薄的话，你给我解说清楚，有话讲则可以，没有话讲可就要杀头了。”

纪晓岚说：“臣还没穿衣服，怎么回圣上的话呢？”

乾隆让太监给他穿上衣服，说：“亏你知道跟我说话要穿衣服。别的不讲，我只问你‘老头子’是怎么回事？”趁穿衣服的时候，纪晓岚已经想好了词儿。他十分恭敬地对皇上说：“皇上万寿无疆，这不是‘老’吗？您老人家顶天立地，是百姓之‘头’呀！帝王以天为父，以地为母，对于天地来讲就是‘子’。连在一起，就是‘老头子’3个字。皇上，臣说得有错吗？”

乾隆一听，哈哈大笑：“不愧是铁嘴钢牙纪晓岚。恕你无罪，平身。”

人生小语

生活中不免许多尴尬事，面对尴尬，如果一味把脸一板，掉头就走；或者怒气冲冲要跟人吵架，这都是容易伤和气的。怎样给对方面子，又让自己下台，这是需要很多机智的。

机智解决小麻烦

一次，爱因斯坦乘火车到一座城市旅游。火车快进站时，车厢里一位老太太却突然哭了起来，原来她没了车票，她的车票在中途查票时交给了列车员，列车员却矢口否认。

爱因斯坦一见，忙走过去安慰她："老太太，您把我的车票拿去吧。"

火车到站，同车的旅客都很担心，不知这位好心人怎么平安地走出检票口。要知道，无票乘车的人，不仅会被处以5倍的罚款，而且还会被关进警察局!

爱因斯坦神情自若，让那位老太太走在他前面。老太太平安地出站了，可他却因无票被拦住了，检票员拉他去管理室。谁知爱因斯坦突然指责检票员粗野无礼，并且说他的车票已经给了检票员。

检票员先是一愣，然后与他大吵起来。这时，站长出来了。爱因斯坦向站长说："我经常乘车外出，就怕遇到这一类麻烦事，所以有个习惯，在车票的反面总要写上个人的名字。您要不信，可以在这些车票中查一查。"

站长一查，果然有一张写着爱因斯坦名字的车票。检票员只好向他道歉。

人生小语

对付不同的人得用不同的手段。如果是一个以礼待人的人，那么你就可以以礼待他；如果他是一个刁横蛮缠的无赖，那么就必须采用智慧的手段才能巧妙地教训他。这也是一种为人处世的智慧。

急中生智救人命

司马光7岁的时候就非常懂事了，他勤奋好学，机敏过人。有一次，他跟小伙伴们在后院里玩耍。院子里有一口大水缸，水缸里存了很多水。有个小孩爬到缸沿上玩，一不小心，掉到缸里。眼看那孩子快要被没顶了。别的孩子一见出了事，个个惊慌失措，吓得一边哭一边大声喊叫，跑到外面向大人求救。只有司马光没有慌张，他急中生智，从地上捡起一块大石头，使劲向水缸砸去，“砰”的一声水缸被砸破了，缸里的水流了出来，被淹在水里的小孩也得救了。

人生小语

遇到危险时不慌不乱很重要。临危不乱，保持镇定，然后才能沉着应对，找到最佳的解决方案。

莫为小事抓狂动气

美国研究应激反应的专家理查德·卡尔森说：“我们的恼怒有80%是个人造成的。”这位加利福尼亚人在讨论会上教人们如何不生气，他把防止激动的方法归结为这样的话：“请冷静下来！要承认生活是不公正的。任何人都不是完美的，任何事情都不会按计划进行。”

“应激反应”这个词从20世纪50年代起才被医务人员用来说明身体和精神对极端刺激（噪声、时间压力和冲突）的防卫反应。

现在研究人员知道，应激反应是在头脑中产生的。在即使是非常轻微的恼怒情绪中，大脑也会命令分泌出更多的应激激素。这时呼吸道扩张，使大脑、心脏和肌肉系统吸入更多的氧气，血管扩大，心跳加快，血糖水平升高。

埃森医学心理学研究所所长曼弗雷德·舍德洛夫斯基说："短时间的应激反应是无害的。"他还说："使人受到压力是长时间的应激反应。"他的研究所的调查结果表明：61%的德国人感到工作不能胜任；30%的人因为觉得不能处理好工作和家庭的关系而有压力；20%的人同上级关系紧张；16%的人说在路途中精神紧张。

理查德·卡尔森的一条黄金规则是："不要让小事情牵着鼻子走。"他说："要冷静，要理解别人。"他的建议是："表示感激之情，别人会感觉到高兴，你的自我感觉会更好。"

人生小语

世事无完美，莫为小事抓狂。不要吹毛求疵，不要试图把一切都弄得滴水不漏。良好的自制力，使生活更宽容，更美好。

自制力

不能自控的悲剧

1936 年，世界台球冠军争夺赛在纽约举行。路易斯·福克斯的得分一路遥遥领先，只要再得几分便可稳拿冠军了，就在这个时候，他发现一只苍蝇落在主球上，他挥手将苍蝇赶走了。不过，当他俯身击球的时候，那只苍蝇又飞回到主球上，他在观众的笑声中再一次起身驱赶苍蝇。这只讨厌的苍蝇破坏了他的情绪。而且更为糟糕的是，苍蝇好像有意跟他作对，他一回到球台，它就又飞回到主球上，引得周围的观众哈哈大笑。

路易斯·福克斯的情绪恶劣到了极点，他终于失去了理智，愤怒地用球杆去击打苍蝇，球杆碰到了主球，裁判判他击球，他因此失去了一轮机会。此刻的路易斯·福克斯方寸大乱，连连失利，而他的对手约翰·迪瑞则愈战愈勇，终于赶上并超过了他，最后拿走了桂冠。第二天早上，人们在河里发现了路易斯·福克斯的尸体，他投河自杀了！

人生小语

达尔文说：“人要是发脾气就等于在人类进步的阶梯上倒退了一步。”我们要善于自我克制，做情绪的主人，不要让冲动把我们带到人生危机的边缘。

战胜自己

一天，拿破仑·希尔和办公室大楼的管理员发生了一场误会。这场误会导致了他们两人之间彼此憎恨，甚至演变成激烈的敌对状态。这位管理员为了发泄对拿破仑·希尔一个人在办公室中工作的不满，就把大楼的电灯全部关掉了。这种情形一连发生了几次，有一天，拿破仑·希尔到书房里准备一篇第二天晚上的演讲稿，当他刚刚在书桌前坐好时，电灯熄灭了。

拿破仑·希尔气得暴跳如雷，发疯似的奔向大楼地下室，他知道可以在那儿找到那位管理员。当拿破仑·希尔到那儿时，发现管理员正在忙着把煤炭一铲一铲地送进锅炉内，同时吹着口哨，仿佛什么事情都没发生似的。

拿破仑·希尔

拿破仑·希尔立刻对他破口大骂。长达5分钟之久，他把所能想到的所有骂人的词句一股脑地骂了出来。

最后，拿破仑·希尔实在想不出什么骂人的词句了，只好放慢了速度。这时候，管理员直起身体，转过头来，脸上露出开朗的微笑，并以一种充满镇静与自制的柔和声调说道："呀，你今天早上有点儿激动吧，不是吗？"

他的话就像一把锐利的短剑，一下子刺进了拿破仑·希尔的身体。

想想看，拿破仑·希尔那时候会是什么感觉。站在拿破仑·希尔面前的是一位文盲，他既不会写也不会读，无论哪方面都赶不上拿破仑·希尔，但他在这场战斗中打败了自己，更何况这场战斗的场地，以及武器，都是他自己挑选的。

拿破仑·希尔的良心受到了谴责。他知道，他不仅被打败了，而且更糟糕的是，他是主动的、又是错误的一方，这一切只会更增加他的羞辱。

拿破仑·希尔知道，自己必须向那个人道歉，内心才能平静。最后，他费了很大的劲终于下定决心，决定再次回到地下室，去忍受必须忍受的这个羞辱。

拿破仑·希尔来到地下室后，把那位管理员叫到门边。管理员以平静、温和的声调问道："你这一次想要干什么？"

拿破仑·希尔告诉他："我是回来为我的行为道歉的——如果你愿意接受的话。"管理员脸上又露出那种微笑，他说："凭着上帝的爱心，你用不着向我道歉。这件事除了天知地知你知我知以外，并没有人听见你刚才所说的话。我不会把它说出去的，我知道你也不会说出去的，因此，我们不如就把此事忘了吧。"

这段话不仅表示他愿意原谅拿破仑·希尔，实际上更表示愿意协助拿破仑·希尔隐瞒此事，不使它宣扬出去，以免对拿破仑·希尔造成伤害。

拿破仑·希尔向他走过去，抓住他的手，使劲地握着。拿破仑·希尔不仅是用手和他握手，更是用心和他握手，在走回办公室的途中，拿破仑·希尔感到心情十分愉快，因为他终于鼓起勇气，化解了自己做错的事。

此后，拿破仑·希尔下定了决心，以后绝不再失去自制。因为一失去自制之后，另一个人——不管是一名目不识丁的管理员，还是有教养的绅士——都能轻易将自己打败。

在下定这个决心之后，希尔身上立刻发生了显著的变化，他的笔开始发挥出更大的力量，他所说的话更具分量。他结交了更多的友人，敌人也相对减少了很多。这个事件成为拿破仑·希尔一生当中最重要的一个转折点。

拿破仑·希尔说："这件事教导我，一个人除非先控制了个人，否则他将无法控制别人。它也使我明白了这两句话的真正意义：'上帝要毁灭一个人，必先使他疯狂。'"

人生小语

在生活当中有一些急性子的人容易犯情绪急躁、失控的毛病，我们每个人都会有情绪不好的时候，这没有什么大惊小怪的。然而关键的问题是你要学会控制自己的情绪，每一个人都应知道并学会这个千古不变的秘诀：弱者任思绪控制行为，强者让行为控制思绪。

控制情绪的方法

在西藏有个传说，有一个叫爱地巴的人，每次生气和人起争执的时候，就以很快的速度跑回家去，绕着自己的房子和土地跑3圈，然后坐在田地边喘气。爱地巴工作非常勤劳努力，他的房子越来越大，土地也越来越广，但不管房、地有多大，只要与人争论生气，他还是会绕着房子和土地跑3圈。爱地巴为何每次生气都绕着房子和土地跑3圈？所有认识他的人，心里都有着疑惑，然而不管怎么问他，爱地巴都不愿意说明。直到有一天，爱地巴很老了，他的房、地也已经很广大，他生气时，拄着拐杖艰难地绕着土地跟房子，等他好不容易走完3圈，太阳都下山了。爱地巴独自坐在田边喘气，他的孙子在身边恳求他："阿公，你已经年纪大了，这附近也没有人的土地比你的更广的了，您不能再像从前，一生气就绕着土地跑啦！您可不可以告诉我这个秘密，为什么您一生气就要绕着土地跑上3圈？"

爱地巴禁不起孙子的恳求，终于说出隐藏在心中多年的秘密。他说："年轻时，我一和人吵架、争论、生气，就绕着房子跑3圈，边跑边想，我的房子这么小、土地这么小，我哪有时间、哪有资格去跟人家生气，一想到这里，气就消了，于是就把所有的时间用来努力工作。"

孙子又问道："阿公，现在您年纪大了，又变成最富有的人，为什么还要绕着房地跑？"

爱地巴笑着说："我现在还是会生气，生气时绕着房子走3圈，边走边想，我的房子这么大、土地这么多，我又何必跟人计较？一想到这，气就消了。”

人生小语

生气的时候，我们要控制住情绪，总要找一个理由。不管这个理由是什么，只要能帮助你削减心中的怒气，都应该发挥它的作用。而不能控制情绪，则会失去理智。让自己走出心灵的障碍，不要做出让自己追悔莫及的错事来。

贫贱中的忍耐

任何社会都不能避免贫富不均，而贫穷可能是所有状况里最难自制、最难忍耐的事情。今天有些青少年家里并不穷，却喜欢攀比，心里觉得自己穷，没面子，总觉得没有买大车、大房子，就低人一等和家长闹情绪。这是不成熟的表现，即使真的很贫穷，也应当接受生活。刚毅隐忍的人，才有可能摆脱贫穷。

写《哈利·波特》的罗琳女士，本是一个穷困潦倒的女子。27 岁那年，她备受重创：离异打击、经济窘迫，那时的她，跌入人生的谷底。失业、无收入、无积蓄，带着不满周岁的女儿……可她却没有就此屈服，硬是在最困苦潦倒的日子里写出了《哈利·波特与魔法石》，以后又写出第二部、第三部、第四部……结果，她凭此一举征服了全世界不同肤色的少年儿童。

人生小语

不经受苦难的创痛，生命难以圆满；不克服人生的平庸、凡夫俗子难以成就完美灿烂的人生。刚性的人生弥漫着一种不折不扣的意志力，一种向命运抗争和挑战的精神，预示着对生命的征服。

停止无谓的牢骚

一对夫妇婚后10多年才生了一个男孩，夫妻恩爱，男孩自然是两个人的宝。男孩2岁的某一天，丈夫在出门上班之际，看到桌上有一个药瓶打开了，不过因为赶时间，他只告诉妻子把药瓶收好，就上班去了。妻子在厨房忙得团团转，很快就忘了丈夫的叮嘱。男孩拿起药瓶，觉得好奇，又被药水的颜色吸引，于是把瓶子里的药水倒进嘴里喝了个干净。药水药力很厉害，即使成人服用也只能用少量。男孩被送到医院后，抢救无效死亡。妻子被吓呆了，不知如何面对丈夫。紧张的父亲赶到医院，得知噩耗后非常伤心，看到儿子的尸体，望了妻子一眼，然后说了一句话。丈夫到底说了一句什么话？

他说的是："我爱你，宝贝。"

很简短的故事，很简单的一句话，然而，有多少人能做到呢？

人生小语

有位成功人士说得好："就算生活给你的是垃圾，我认为，你同样能把垃圾踩在脚底下，登上世界之巅。"其实，这个世界只在乎你是否到达了一定的高度，而不在乎你是踩在巨人的肩膀上上去的，还是踩在垃圾上上去的。

乐观自信的能力

自信乐观是人生一大财富

人生是多姿多彩的，因为人们的性格是千差万别的，让自己的人生更加美好是每一个人的愿望。如果一个人拥有自信、乐观的性格，那么他的人生将会有另一番风景。想必大家都听说过苏格拉底的故事吧！

苏格拉底是单身汉的时候，和几个友人一起住在一间只有七八平方米的小屋里。尽管生活非常不便，然而，他一天到晚总是乐呵呵的。

有人问他："那么多人挤在一起，连转个身都困难，有什么可乐的？"

苏格拉底说："友人们在一块儿，随时都可以沟通思想，交流感情，这难道不是很值得高兴的事儿吗？"

苏格拉底

过了一段时间，友人们一个个成家了，先后搬了出去。屋子里只剩下了苏格拉底一个人，每天他仍然很快活。

那人又问："你一个人孤孤单单的，有什么好高兴的？"

"我有很多书啊！一本书就是一个教师。和这么多教师在一起，时时刻刻都可以向它们请教，这怎能不令人高兴呢？"

几年后，苏格拉底也成了家，搬进了一座大楼里。这座大楼有7层，他的家在最底层。底层在这座楼里是环境最差的，上面老是往下泼污水，丢一些杂七杂八的脏东西，人们见他还是一副自得其乐的样子，好奇地问："你住这样的房间，也感到高兴吗？"

"是呀！你不知道住一楼有多少妙处啊！比如，进门就是家，不用爬很高的楼梯；搬东西方便，不必费很大的劲儿；友人来访容易，用不着一层一层地去叩门询问……特别让我满意的是，可以在空地上养一丛一丛的花，种一畦一畦的菜，这些乐趣呀，数之不尽啊！"苏格拉底美滋滋地说。

过了一年，苏格拉底把一层的房间让给了一位友人，这位友人家有一个偏瘫的老人，上下楼很不方便。他搬到了楼房的最高层——第7层，不过他每天仍是快快乐乐的。

那人揶揄地问："先生，住7层是不是也有许多好处呀？"

苏格拉底说："是啊，好处可真不少呢！举几个例子吧：每天上下几次，这是很好的锻炼机会，有利于身体健康；光线好，看书写文章不伤眼睛；没有人在头顶干扰，白天黑夜都非常安静。"

后来，那人遇到苏格拉底的学生柏拉图，说道："你的老师总是那么快快乐乐，不过他所处的环境并不怎么样呀！他的乐观真让人佩服。"

人生小语

乐观，是一种最为积极的性格因素之一。乐观就是在无论什么情况下，也保持良好的心态，也相信坏事总会过去，相信阳光总会再来的心境。每个人都应该十分的乐观，这样才会过得快乐。

逆境中的信心

海伦·凯勒，这位全世界都知道的盲人成功者，她的成功靠的是什么呢？海伦的回答是："自信的性格可以改变一切！"海伦刚出生时，是个正常的婴孩，能看、能听，也会牙牙学语。不过，一场疾病使她变成既盲又聋又哑的残疾人——那时她才 19 个月大。

生理的剧变，令小海伦性情大变。她经常大哭大闹，甚至在地上打滚，乱摔东西。她的表现令父母伤心绝望，同时又束手无策。父母在绝望之余，只好将她送到波士顿的一所盲人学校，特别聘请一位教师照顾她。

所幸的是，小海伦在黑暗的悲痛中遇到了一位伟大的光明天使——安妮·沙莉文女士。沙莉文也是位有着不幸经历的女性。

海伦·凯勒

莎莉文 10 岁时和弟弟一起被送进孤儿院，在孤儿院的悲惨环境中长大。由于缺少房间，幼小的姐弟俩只好住进放置尸体的太平间。在卫生条件极差的环境中，幼小的弟弟 6 个月后就夭折了。她也在 14 岁得了眼疾，几乎失明。后来，她被送到帕金斯盲人学校学习凸字和指语法，便做了海伦的家庭教师。

从此，沙莉文女士与小海伦的斗争就开始了。洗脸、梳头、用刀叉吃饭都必须一边和她格斗一边教她。固执己见的海伦以哭喊、怪叫等方式全力反抗着严格的教育。沙莉文女士究竟如何用 1 个月的时间就和完全生活在黑暗、沉默世界里的海伦沟通的呢？

答案是这样的：自我成功与重塑命运的工具是相同的——信心与爱心。

在海伦·凯勒所著的《我的一生》一书中，有感人肺腑的深刻描写：

一位年轻的复明者，没有多少“教学经验”，将无比的爱心与惊人的信心，灌注到一位既聋又哑又盲的小女孩身上——先通过潜意识的沟通，靠着身体的接触，为她们的心灵搭起一座桥。接着，自信与自爱在小海伦的心里产生，把她从痛苦的孤独地狱中解救出来，经过不懈努力，将潜意识的无限能量发挥出来，引导个人走向光明。两人手携手，心连心，用爱心和信心互相支撑着，经过一段不为外人所知的挣扎，唤醒了海伦那沉睡的意识力量。一个既聋又哑且盲的少女，初次领悟到语言的喜悦时，那种令人感动的情景，实在难用笔述。海伦曾写道：“在我初次领悟到语言存在的那天晚上，我躺在床上，兴奋不已，那是我第一次希望天亮——我想再没其他人，可以感觉到我当时的喜悦吧。”

身为残疾人的海伦，凭着触觉——指尖去代替眼和耳——学会了与外界沟通。她 10 岁时，名字就已传遍全美，成为残疾人士的模范——一位真正的由弱而强者。

1893 年 5 月 8 日，是海伦最开心的一天，这也是电话发明者贝尔博士值得纪念的一日。贝尔博士这位成功人士在这一日成立了非常有名的国际聋人教育基金会，而为会址奠基的正是 13 岁的小海伦。

若说小海伦没有自卑感，那是不确切的，也是不公平的。幸运的是她从小就在心里树起了坚定的信心，完成了对自卑的超越。

小海伦成名后，并未因此而自满，她继续求知若渴地接受教育。1900 年，这个 20 岁通过语法、凸字及发声这些手段获得超过常人知识的姑娘，进入了哈佛大学拉德克利夫学院学习。她说出的第一句话是：“我已经不是哑巴了！”她发觉个人的努力没有白费，异常兴奋地，不断地重复说：“我已经不是哑巴了。”4 年后，她作为世界上第一个受到大学教育的盲聋哑人，以优异的成绩毕业。

海伦不仅学会了说话，还学会了用打字机著书和写稿。她虽然是位盲人，但读过的书比视力正常的人还多。而且，她写了 7 本书。她比“正常人”更会鉴赏音乐。

这个克服了常人“无法克服”的残疾的“造命人”，其事迹轰动了全世界。她大学毕业那年，人们在圣路易博览会上设立了“海伦·凯勒日”。她始终对生命充满信心，充满乐观，充满热忱。她喜欢游泳、划船以及在丛林中骑马。她喜欢下棋和用扑克牌算命；在下雨的日子，就以编织来消磨时间。

海伦·凯勒，凭着她那顽强的信念，终于战胜个人，体现了自身的强者价值。她虽然没有发大财，也没有成为政界伟人，然而，她所获得的成就比富人、政客还要大。

第二次世界大战后，她在欧洲、亚洲、非洲各地巡回演讲，唤起了社会大众对身体残疾者的注意，被《大英百科全书》称颂为有史以来残疾人士最有成就的由弱而强者。美国作家马克·吐温评价说："19世纪中，最值得一提的人物是拿破仑和海伦·凯勒。"

人生小语

自我成功与重塑命运的工具是相同的——信心与爱心。自信是人对自身力量的一种确信，深信自己一定能做成某件事，实现所追求的目标。

自信不能停留在想象上。要成为自信者，就要像自信者一样去行动。我们在生活中自信地讲了话，自信地做了事，我们的自信就能真正确立起来。面对社会环境，我们每一个自信的表情、自信的手势、自信的言语都能真正在我们心中培养起的自信。

快乐源于自己的感觉

传说东海的一只大乌龟，偶然爬过一口井边。井里的一只蛙看见了，连忙说："稀客稀客，请来参观吧？"大乌龟说："你在井里过得舒服吗？"井蛙说："我独霸一口井的水，像一个国王一样，怎么不舒服呢？你看，我一跳到井里，水就来扶着我的两腋，托着我的腮帮子。我高兴就钻入水底，泥巴就赶快来按摩我的脚，到了晚上，不想待在水里，就跳出来，散散心。"于是，大乌龟便想到井底看一看，不过它的左脚刚刚踩进去，右脚就绊在外边动弹不得了。大乌龟只好退了出来。大乌龟便对井蛙说："你的井太小了，我进不去。我刚才是从东海过来的，让我告诉你东海的快乐吧。东海又大又深，用500千米的长，不足形容他的广大，用2.4千米的高，不足以形容它的深。水灾时不会增加，旱灾时不会减少，像这样不会因时间的长短而改变，不受雨水的多少而增减，这就是大海的快乐。"

井蛙听了，只好翻翻眼珠，连连倒退，一副茫然失措的样子。

人生小语

你可以羡慕大海的壮丽和宽阔，但你也可以为自己的安乐窝而振奋不已。快乐源于个人的感觉。一个人的快乐并不是人人都能体会到的，保持自己的一份心境，分享别人的快乐。

鲜花和希望

第二次世界大战刚刚结束的时候，德国到处是一片废墟。有两个美国人访问了一家住在地下室的德国居民。离开那里之后，二人在路上谈起访问的感受。

甲问道："你看他们能重建家园吗？"

乙说："一定能。"

甲又问："为什么回答得这么肯定呢？"

乙反问道："你看到他们在黑暗的地下室的桌子上放着什么吗？"

甲说："一瓶鲜花。"

乙于是说："任何一个民族，处于这样困苦灾难的境地，还没有忘记鲜花，那他们一定能够在这片废墟上重建家园。"

人生小语

有鲜花的地方就有希望。一个人在遭遇困难之时，只有斗志不减，保持开朗乐观的精神状态，才能尽快走出低谷。积极的态度是快乐的源泉，也是希望降临的曙光。想要拥有希望，应先拥有积极和快乐。

永远年轻

一位说话清纯、满脸笑容的美容师颇受学员的喜欢。在讲座中，美容师让学员猜一下自己的年龄。室内气氛顿时活跃起来，有的猜 32 岁，有的猜 28 岁。结果，这些答案统统被美容师微笑着摇头否认。

“现在，我来告诉大家，我只有 18 岁零几个月。”

室内哗然，继而，发出一片不信任的惊诧声。

“至于这零几个月是多少，请大家自己去衡量吧，也许是几个月，也许是几十个月，或者更多，然而，我的心情只有 18 岁！”美容师接着说。

美容师永远都保有 18 岁的心情，所以她容颜不老青春永驻。原来，美容师采用的是心情美容法。

人生小语

如果一个人的心情是快乐的，那么女性的柔美即使素面朝天也不会被掩饰。心情有时如一棵树，快乐是笔直的树干。秋天来时，抖抖快乐的枝干，那些枯黄的树叶和愁云便会纷纷扬扬地掉落。春天来时，抖抖快乐的枝干，生活便会展开美丽的笑颜。

等待的智慧

生活中，由于有了等待，才会让我们在获得时感到更强烈的兴奋和感激。

有一次，一位年轻人到关渡，看到有一群人手里拿着望远镜，对着蓝天，对着那一片泥沼，对着那整片红树林望着。他不禁好奇地走上前问他们："你们在望什么啊？"

那些人头也不回地回答道："我们在等啊！"

"等？等什么呢？"

"等鸟飞过来！"

又有一次，这个年轻人到海边玩，看见许多人手里握着钓竿，面向大海，把线放得远远的，每个人的眼里却充满了笃定。

他便问其中的一人："你们面对大海，心里在想什么呢？"

他回答说："我们在等啊！"

"等什么？"

"等鱼儿！"

于是，年轻人也开始在生活中学习"等"的感觉。等着红灯变绿灯，等着太阳升起，等着夜晚变白天，等一种"沉淀"，他开始享受等待的美好感受了。

古时候人们曾用驴子推磨，但为了避免它懒惰不肯用力，就先把驴子的眼睛蒙起来，让它看不见，再将花生酱抹在驴子的鼻子上，驴子闻到香味，以为前面一定有好吃的食物，就会拼命往前冲。

人生小语

在生活中，人们也经常在追逐着这个，追逐着那个，到头来往往空忙一场，这跟驴子又有什么两样呢？

在下雨时，我们等着太阳出来；当阳光透出云际的同时，我们等到了彩虹。无论是等待时的希望，还是彩虹给我们的美妙，都是我们人生中的美好感受！如果彩虹时刻挂在天空我们还会觉得它是那样的美丽吗？

少一点抱怨

相传，有个寺院的住持，给寺院里立下了一个特别的规矩：每到年底，寺院里的和尚都要面对住持说两个字。第一年年底，住持问新和尚心里最想说什么，新和尚说："床硬。"第二年年底，住持又问他心里最想说什么，他回答说："食劣。"第三年年底，他没等住持问便说："告辞。"住持望着新和尚的背影自言自语地说："心中有魔，难成正果，可惜！可惜！"

新和尚对待世事都持一种消极的心理状态，所以不能安于现状，一味牢骚。而他的牢骚，也让他失去了修成正果的机会。

我国有一位非常有名的国画家俞仲林，他最擅长画牡丹。

有一次，某人慕名要了一幅他亲手所绘的牡丹，回去以后，高兴地挂在客厅里。

此人的一位友人看到了，大呼不吉利，因为这朵牡丹没有画全，缺了一部分，而牡丹代表富贵，缺了一角，岂不是"富贵不全"吗？

此人一看也大为吃惊，认为牡丹缺了一边总是不妥，拿回去预备请俞仲林重画一幅。俞仲林听了他的理由，灵机一动，告诉买主，既然牡丹代表富贵，那么缺一边，不就是"富贵无边"吗？

那人听了他的解说，觉得有理，高高兴兴地捧着画回去了。

同一幅画，因为心理状态不同，便产生了不同的看法。

人生小语

生活就是如此，我们必须坦荡磊落面对，不能只知发牢骚，否则，在牢骚中错过了人生正点的班车，那又将会在牢骚中错过下一次坐正点班车的机会。

正如泰戈尔所说："如果错过了太阳时你流了泪，那么你也要错过群星了。"

绝望中寻找希望

人总是避苦求乐的，都希望快乐地度过每一天，但生活本身就充满酸甜苦辣，快乐和痛苦本是同根生。

曾经有两个囚犯，从狱中望窗外，一个看到的是满目泥土，一个看到的是万点星光。面对同样的遭遇，前者心中悲苦，看到的自然是满目苍凉、了无生气；而后者心往好处想，看到的自然是星光满天，一片光明。

人生的道路虽然不同，但命运对每个人都是公平的。窗外有土也有星，有快乐也有痛苦，就看你能不能咬定青山不放松，心往好处想。西方哲学家蓝姆·达斯讲过这样一个故事：

一个病入膏肓、仅剩数周生命的妇人，整天思考死亡的恐怖，心情坏到了极点。蓝姆·达斯去安慰她说："你是不是可以不花那么多时间去想死，而把这些时间用来考虑如何快乐度过剩下的时间呢？"

他刚对妇人说时，妇人显得十分恼火，但当她看出蓝姆·达斯眼中的真诚时，便慢慢地领悟出他话中的诚意。"说得对，我一直都在想着怎么死，完全忘了该怎么活了。"她略显高兴地说。

一个星期之后，那妇人还是去世了，她在死前充满感激地对蓝姆·达斯说："这一个星期，我活得比前一阵子幸福多了。"

"苦乐无二境，迷悟非两心"，妇人学会了心往好处想，所以在离开人世前仍能感到一丝幸福，快乐地合上双眼。

人生小语

人生可以没有名利、金钱，但必须拥有美好的心情。人生在世，虽然只有短短几十年，却要经历各种好事、坏事，尝遍酸甜苦辣。快乐和痛苦本是同根生。当你快乐时，不妨留一片空间，以接纳苦难；当你痛苦时，不妨想到往昔的快乐。

口才能力

事业成功需要好口才

我国春秋战国时期，君主崇尚口才，天下学者贤士更是趋之若鹜，蔚然成风。以在秦国推行“连横策略”而著称的游说家张仪，就颇懂得舌头的珍贵。他初到楚国当说客时，一天，碰巧相国家丢失玉璧，主人咬定他是窃贼，将其严刑拷打后逐出家门。回家后，妻子叹着气说：“你若不读书游说的话，怎么会遇到这样的奇耻大辱呢？”谁知张仪并无愠怒之色，答非所问地说：“你看看我的舌头还在吗？”张仪听说舌头还在，舒了一口气说“够了”，因为他懂得：舌头在，就有飞黄腾达之日。后来，他真的扶摇直上，当上了“一人之下，万人之上”的相国。

伊索年轻时在贵族家当奴仆，有一次，主人设宴，来者多是哲学家。主人令伊索备办最好的酒肴待客，于是伊索专门收集各种动物的舌头，办了个舌头宴。开餐时，主人大吃一惊，问道：“这是怎么回事？”伊索答道：“您吩咐我为这些尊贵的客人办最好的莱。舌头是引导各种学问的关键，对于这些哲学家来说，舌头宴不是最好的菜吗？”客人闻之，个个赞赏地笑了。主人又吩咐伊索：“那我明天要再办一次酒席，菜要最坏的。”次日，开席上菜时，依然是舌头。主人见状，大怒。伊索不慌不忙地回答：“难道一切坏事不是人口中说出来的吗？舌头既是最好的，也是最坏的东西！”讲得主人说不出话来。

人生小语

事业的成功与失败，往往决定于你的口才。决定于你在社会生活中所说的话，有时还会决定于某一次的谈话。这可不是夸张，是从实际生活经验中总结出来的。

含蓄的表达方式

在社会交往中，具有社交能力的人，要有驾驭语言的功力，要会自如地运用多种语言表达方式，不断探求各种各样的语言风格。生活中，有时要直言不讳，有时还非得含蓄、委婉些才能使效果更佳。

人们谈起《水浒传》里的鲁智深，会立即想起他那心直口快的形象。其实，即使是最直率的鲁智深，有时也离不开委婉，说话也有含蓄的时候。《水浒传》写鲁智深三拳打死镇关西后为了逃避官家的追捕，只得削发为僧。书中有这样一段对白：

鲁智深

法师：尽形寿，不近色，汝今能持否？
智深：能。
法师：尽形寿，不沾酒，汝今能持否？
智深：能。
法师：尽形寿，不杀生，汝今能持否？
智深：（犹豫了）
法师：（高声催问）尽形寿，不杀生，汝今能持否？
智深：知道了。

要叫鲁智深不近女人不饮酒，他能做到，但要他不惩杀世间的恶人，实在难办。但此时若回“不能”，法师必不许其剃发为僧，他就无处藏身了，因此来一个灵活应付的回答“知道了”，法师面前过得了关，又不违背个人的本意，两全其美。

美国一位传奇式的篮球教练，叫佩迈尔。他带领的迪泡尔大学篮球队曾获得39次国内比赛的冠军，球迷们遂为之倾倒。不过有一年，他的球队蝉联29次冠军后，遭到一次空前的惨败。比赛一结束，记者们蜂拥而至，把他围了个水泄不通，问他这位败军之将此时此刻有何感想，他微笑着，不无幽默地说：“好极了，现在我们可以轻装上阵，全力以赴地去争夺冠军，背上再也没有冠军的包袱了。”

两度竞选总统均败在艾森豪威尔手下的史蒂文森，从未失去幽默。在他第一次荣获提名竞选总统时，他承认的确受宠若惊，并打趣说：“我想得意扬扬不会伤害任何人，也就是说，只要人不吸入这空气的话。”

在他竞选第一次败给艾森豪威尔的那天早晨，他以充满幽默的口吻，在门口欢迎记者到来：“进来吧，来给烤面包验验尸。”

几年后的一天，史蒂文森应邀在一次餐会演讲。他在路上因为阅兵行列的经过而耽搁，到达会场时已迟到了。他表示歉意，解释说：“军队英雄老是挡我的路。”

人生小语

委婉，或称作婉转、婉曲，是一种修辞手法。它是指在讲话时不直陈本意，而是用委婉之词加以烘托或暗示，让人思而得之，而且越揣摩，含义越深，因而也就越是有吸引力和感染力。

在社会交际中，用语委婉可增强你的表达效果。委婉实在妙不可言。

多说赞许别人的话

有一位教师陈先生，想要降低房租。他写信给房东，告之在租约满后，准备迁出。实际上他并不想迁居，只希望能降低租金，但依情势来看，不会有成功希望，因为许多的房客都失败过，那个房东是难以对付的。但陈先生正学习如何待人的技术，因此他决定试验一下。房东收到信后就来看他，陈先生在门口很客气地迎接房东，充满了和善和热诚。他没有开口就提房租高，而是开始谈论他如何地喜欢这房子，恭维房东管理房舍的方法，并告诉房东他很愿意继续住下去，然而限于经济能力不能负担。

房东从未受过房客如此的款待和欢迎，他几乎不知如何是好。于是他开始告诉陈先生，他亦有他的困难，有一位房客曾写过 10 多封信给他，简直是在侮辱他。更有人指责他，假如不能增加设备，就要取消租约。没有经过陈先生的请求，房东便自动降低了租金。当他离开时，还问陈先生："有什么需要我替你装修的吗？"

假如陈先生用了别的房客的方法去降低租金，一定会遭遇到他们同样的失败，不过他用了友善、同情、欣赏、赞美的方法，使他获得了胜利。

某甲是拍马屁专家，连阎王都知道他的大名，死后见阎王，阎王拍案大怒，"你为什么专门拍马屁？我是最恨这种人的。"马屁鬼叩头回道："因为世人都爱拍马屁，不得不如此，大王是公正廉明，明察秋毫，谁敢说半句恭维的话。"阎王听了，连说："是啊是啊！谅你也不敢。"阎王岂不爱听恭维话，不过说恭维话的方式与普通人不同罢了。这个故事，说明了人之常情，都爱恭维，你的恭维话若有分寸，不流于谄媚，不损伤人格，则不失为得人欢心的一法呢！

据说有甲、乙两个狩猎者，各猎得野兔 2 只回来。甲的女人看见冷冷地说："只打到了 2 只吗？"甲狩猎者心中不悦，"你以为很容易打到吗？"他心里如此埋怨着。第二天他故意空着手回家，让女人知道打猎是不容易的事情。

乙狩猎者所遇则恰好相反。他女人看见他带回来了 2 只野兔，就欢天喜地地说：“你又打了2只吗？”乙听了心中喜悦，“2只算得了什么！”他高兴得有点自傲地回答他的女人。第二天他打回了4只！

信不信由你，故事也许是虚构，但这是常情。

人生小语

如果要别人同意你的意见，用争辩或武力，并不见得可以收到好效果。假若一个人心里对你不满或有恶感，你就不可能用宣传方式去感化他们。不能勉强或驱使他人同意你，假如用温柔友善去诱导他们，却可使他们同意于你。

西方有句古话说：“一滴蜜比一桶毒药所捉住的苍蝇还多。”对人亦如此，你要想得到别人的同意，先要使他相信你是他的一个友人，就如同一滴蜜吸住了他们的心，这才是达到你的目的的有效方法。

不要做无谓的争论

“永远避免当面冲突。”几年前A君在一个宴会上得到这个宝贵的教训。

罗君在美国取得博士学位回来，有一晚A君被邀请参加一个欢迎罗君的宴会。坐在A君旁边的一位来宾讲了一段笑话，引用了一句成语。

这位来宾说是《圣经》上的成语，他错了。A君知道这句成语的来历，由于个人的高贵感便想表现得比他知识丰富，就毫不客气地纠正他。他勃然大怒：“什么？那句话出自莎士比亚，不可能的，真是笑话。”坐在另一旁的A君的老板高先生，他对莎翁的著作是很有研究的。因此A君和那位来宾都同意把这问题请教高先生。高先生听了原委，在桌下暗暗地碰了A君一下说：“A兄你错了，这位先生是对的，这是出自《圣经》上的。”

宴会结束后在回家的途中，A君对高先生说：“说实在的，那句成语是莎翁所说的。”

“是的，在莎翁的《汉姆雷特》那本书的第五幕第二节上，然而你知道我们是一个盛大宴会上的客人，你何必去证明一个人的错，那样会使他喜欢你吗？何不让他自己保全面子？他并未问你的意见，何必同他争辩？永远避免当面的冲突。”他这样回答A君。

“永远避免当面的冲突”，说这话的人已死，然而给人们的教训却永存。

十有九次，辩论终了之后，每个参与辩论的人，都比以前更坚信他是绝对正确的。

你无法从辩论得胜，你也不可能胜，因为如果你失败了，你就是失败，反之你得胜了，你还是失败的，为什么呢？因为假如你胜过对方，将他的理由击败，并证明他是错误的，然后怎么样呢？你觉得高兴，然而对方呢？你使他觉得低弱，你伤了他的自尊心，他会恨你，而且“一个被违反自己的意见说服之后，必仍然固执着他本来的意见”。

日本有一家人寿保险公司，为职员定下了一条规则：“不要跟顾客辩论。”真正的推销术，不是辩论，人的思想绝不是可以那样改变的。

人生小语

从争辩所获得的胜利，没有什么益处，而且又破坏了双方的情谊。争辩不仅使自己的精神、时间、身体都蒙受了莫大的损失，而最大的可怕影响是在社会关系上，因争辩而发生不合作的现象。社会减少了合作能力，进步自然也受到了限制。

向权威人士进言

在德国某电子公司的一次会议上，公司经理拿出一个他设计的商标征求大家意见。

经理说：“这个商标的主题是旭日，这个旭日很像日本的国徽，日本人民见了一定乐于购买我们的产品。”

营业部主任和广告部主任都极力恭维经理的构想，但年轻的销售部主任说：“我不同意这个商标。”经理听了感到很吃惊，全室的人都睁大眼睛盯住他。

年轻的销售部主任没有同经理争论那个带红圈圈的设计是否雅观，而是说："我是恐怕它太好了。"

经理感到纳闷，脸上却带着笑说："说来听听。"

"这个设计与日本国徽相似，日本人喜欢，但是，我们另一个重要市场是我国的人民，也会想到这是日本国徽，就不会引起他们的好感，就不会买我们的产品，这不同本公司要扩展对华贸易营业计划相抵触吗?"

"天哪！你的话高明极了！"经理叫了起来。

人生小语

向有权威的人士表示反对或拒绝，你一定要有充分的理由，还要注意技巧。正确的表达方式，应当只表明你说的话，是自己看法，并不见得是绝对事实，仅提供对方参考。这样，人家才能听得入耳，甚至有兴趣了解一下你为什么会有此看法。有了这种交流，就不致陷入各持一论的争吵。

怎样才能达到这种效果呢？说话时别忘了用"我"字。比如，一位女工对她的工友说："你这套时装，过时了，真难看。"这不过是自己的主观意见，别人未必有相同的结论。这位女工的话可改为："我看你这套时装有点过时了，你说好看不好看？"用"我"字还有一个好处，既然强调是个人的看法，会让人觉得批评者更富责任感。

持之以恒的能力

坚持才能胜利

美国前总统林肯是让美国人为之自豪和尊崇的成功总统，但他又是经历最为坎坷的总统，他年轻时，经历了失业、经商屡屡失败。参加州议员竞选，又一次一次地失败，可算是最不幸的人了。但是，他的信念不变，追求不变，恒心不变，失败了再爬起来，坚信一定会取得成功。在当上总统前，他共参加了11次竞选，其中失败了9次，从1832年开始竞选州议员，到1860年才当上总统。他就是凭着这种顽强的毅力、锲而不舍的精神，克服了重重障碍，在别人的嘲笑、谩骂、打击中挺胸前行，实现了人生目标。

1975年9月30日，33岁的阿里与另一拳坛猛将弗雷泽较量，4年未登台的拳王阿里，体重已超20多磅，速度和力量也大不如前。前两场较量一胜一负，第三场决胜负，当打到第14回合时，阿里已精疲力竭、濒临崩溃了，几乎无力再战第15回合了。但他感到对方也已是强弩之末，这时就是比耐力、比意志了，他咬牙坚持，保持坚毅的表情和志在必得的气势，果然令对手不寒而栗，甘拜下风。可就在裁判举起阿里的手臂、公布阿里胜利时，阿里眼前一黑，双腿无力地瘫倒了。对手弗雷泽见此情景，追悔莫及，并为此抱憾终生：原来个人的失败，只是在离成功还差一步的地方停了下来。

明朝末年时，史学家谈迁经过20年写作，完成了明朝编年史《国榷》，不料家里来了个小偷，一看这部书的手稿包装得非常好，以为里面是值钱的东西，就给偷走了。20 年的心血化为乌有，对谈迁的打击非常大。当他平静下来，感到心有不甘，于是，又重新动笔写，又用了 10 年时间，在他 60 岁时，一部 104 卷的《国榷》又完成了。

美国“肯德基炸鸡”的创始人桑德斯上校，65 岁时才开始创业，而当时他仅有 105 美元政府救济款，为筹集创业资金，他四处推销个人的炸鸡秘方，却四处碰壁，但他不气馁，不灰心，失败了就再来，在他一连被拒绝了 1009 次后，终于在第 1010 次推销中，感动了一位饭店老板，同意把他的炸鸡秘方拿来试试，可这一试便获得了成功，从此，“肯德基炸鸡”风靡美国，又传遍世界。今天的人们在品尝这个炸鸡时，应该感谢这位桑德斯上校的坚持精神。

人生小语

坚持是走向成功的“临门一脚”。人没有太多天赋的界限，所欠缺的往往是坚定不移的意志。美国前总统林肯说过：“成功是屡遭挫折而热情不减。”

“日日行，不怕千万里；经常做，不怕千万事；时时学，不怕业不精；日日修，不怕心不静。”持之以恒，是所有成功者的特征。哥白尼成名，是因为他对天文学的钻研持之以恒；拿破仑的成功，是因为他对军事上的持之以恒；哥伦布的成名，是因为他对新大陆的探索持之以恒；还有发明蒸汽机的瓦特，发明轮船的富尔敦，发明火车的史蒂芬孙以及爱迪生、马克尼等，都成功于持之以恒。一位学者说过：“敬业需要注意两件事，即已着手之工作必须完成，已接受之事物务必须坚持到底，恒心如一地为之。”

忍受压力

苏联火箭之父齐奥尔科夫斯基（1857～1935 年）10 岁时，染上了猩红热，持续几天的高烧，引起了严重的并发症：他几乎完全丧失了听觉，成了半聋。他默默地承受着其他孩子的讥笑和无法继续上学的痛苦。他的父亲是个守林员，整天到处奔走。因此教他读书写字的担子就落到妈妈身上。通过妈妈耐心细致的讲解和循循善诱的辅导，他进步得很快。不过当他充满信心地自学时，母亲却患病去世了，这突如其来的打击，使他陷入了极大的痛苦。他不明白，生活为何如此艰辛？为什么这么多的不幸都落到了他的头上？他今后该怎么办？父亲抚摸着他的头说："孩子！不要气馁，一定要有志气，靠个人的努力走下去！"是啊！学校不收，孩子们在嘲弄，今后只有靠自己了！

年幼的齐奥尔科夫斯基从此开始了真正的自学道路。他从小学课本、中学课本一直读到大学课本，自学了物理、化学、微积分、解析几何等课程。这样，一个耳聋的人，一个没有受过任何教师指导的人，一个从未进过中学和高等学府的人，由于始终如一的勤奋自学、刻苦钻研，终于使自己成了一个学识渊博的科学家，为火箭技术和星际航行奠定了理论基础。

18 世纪，天花这种可怕的瘟疫在欧洲和亚洲蔓延着。在英国，几乎每个人都会传染上这种病，许多成年人的脸上和身上都有天花留下的难看瘢痕。成千上万的人由于病情严重而变成瞎子或疯子，每年死去的人不计其数。

免疫法的发现者英国的琴纳（1749～1823 年），当时他还是位年轻的医师，他立志向天花宣战。他在家乡伯克利行医时，发现牧区挤奶女工从来不患天花。原来她们在挤牛奶时，无意中接触了患天花的奶牛的脓浆，传染上了牛痘，手上便长出了小脓疮。开始时稍感不适，但很快就好了，以后就再也不患天花了。琴纳由此产生了一个大胆的设想，用人工接种牛痘，预防天花。

在动物身上做实验成功了，在人身上种牛痘会不会有危险呢？决心为人类解除天花危害的琴纳，决定拿自己的儿子作为人工接种牛痘的第一个试验者。这个想法马上招致了他的妻子、亲属和友人们的反对，说他发疯了，这样会害死孩子的。琴纳忍受着亲友们的责难，果断地把痘浆种到了儿子的胳膊上。几天以后，儿子度过了微微的不适而安然无恙。两个月后，他又把天花病人身上的浓液种到了儿子的身上。忧虑难熬的日子，一天又一天、一个星期又一个星期地过去了。儿子一直没有被传染上天花。妻子的脸上露出了笑容，琴纳更是欣喜若狂。

琴 纳

然而，琴纳的研究不但没有马上得到社会的承认，反而引起了一场轩然大波。教会散布言论说，以牲畜的疾病来传染人是“亵渎上帝”的行为，“接种牛痘是魔鬼的诺言”。许多报纸鼓吹种了牛痘会使人身上长出牛角，发出尖叫的声音。甚至耸人听闻地说，儿童种了牛痘，全身会长出牛毛，面孔会变成牛的模样，像牛一样咳嗽，眼睛像公牛一样斜着看东西。一些受了蛊惑的人，包围了琴纳家的房子，向屋内扔砖头，谩骂并拦截就诊的病人。

这时候，琴纳的妻子站了出来，坚定支持丈夫的研究。她鼓励并随同丈夫到伦敦去请求非常有名科学家的帮助与支持，以宣传和推广牛痘接种法，使更多的人尽早免于疾病的折磨。她拿出了家里的积蓄，帮助琴纳出版了《接种牛痘的原因和效果的调查》。最后，真理终于战胜了邪恶，琴纳赢得了承认和称颂。

人生小语

忍受压力而不气馁，勇于知难而进，是成功的要素。努力锤炼性格的刚性，人人都可以走向成功，也只有这样才能更好地适应社会的发展，在充满竞争的社会中始终立于不败之地。

不要害怕失败

1200多年前，大唐高僧鉴真6次扬帆东渡日本，这种持之以恒不怕失败的精神，至今仍在华夏大地上催人奋进。

鉴真是唐代高僧，同时还是一个医僧。他俗姓淳于，是广陵江阳（今江苏江都）人。14 岁时于大云寺为沙弥，就高僧智满禅师学佛，后又赴长安从弘景法师受具足戒，先后达 3 年，遂返扬州，学识渊博。日本僧人荣睿、普照来华学佛留学，并敦请鉴真赴日传佛。鉴真欣然应允，并克服种种困难，先后 6 次始获成功。他携带佛经、佛具及佛像，于天宝十二年（753 年）抵达日本。此时鉴真双目失明，但他仍努力弘扬佛法，传播我国文化并以其丰富之经验，讲授医药知识，特别是他所带之香料药物等，至今日本奈良招提寺及东大寺正仓院仍保存有其遗迹。曾治愈光明皇太后及圣武天皇之病（见天台乌药）。日本曾授予“大僧都”、“大和上”封号，日本人民誉他为“过海大师”。其著作有《鉴上人秘方》，惜未见流传。

让我们来看看鉴真 6 次东渡的艰辛历程。

742 年，日本留学僧人荣睿、普照到达扬州，恳请鉴真东渡日本传授“真正的”佛教，为日本信徒受戒。当时，大明寺众僧“默然无应”，唯有鉴真表示“是为法事也，何惜生命”，遂决意东渡。

742 年冬，鉴真及学生 21 人，连同 4 名日本僧人，到扬州不远的东河既济寺造船，准备东渡。时日本僧手中持有宰相李林甫从兄李林宗的公函，因此地方官扬州仓曹李凑也加以援助。不料鉴真一位学生道航与一名师弟如海开玩笑，惹得如海大怒，便诬告鉴真一行造船是与海盗勾结，准备攻打扬州。当年海盗猖獗，淮南采访使班景倩闻讯大惊，派人拘禁了所有僧众，虽然很快放出，然而勒令日本僧人立刻回国，第一次东渡就此夭折。

鉴 真

744 年 1 月，在一番周密筹备后，鉴真等 17 僧（包括潜藏下来的荣睿、普照)，连同雇佣的“镂铸写绣师修文镌碑等工手”85人，共100余人再次出发。结果尚未出海，便在长江口的狼沟浦遇风浪沉船。船修好后刚一出海，又遭大风，飘至舟山群岛一小岛，5日后众人方被救，转送明州余姚（今浙江宁波）阿育王寺安顿。开春之后，越州（今浙江绍兴）、杭州、湖州、宣州（今安徽宣城）各地寺院皆邀请鉴真前去讲法，第二次东渡遂结束。

结束了巡回讲法之后，鉴真回到了阿育王寺，准备再次东渡。此事为越州僧人得知，为挽留鉴真，他们向官府控告日本僧人潜藏我国，目的是“引诱”佛学大师鉴真去日本。于是官府将荣睿投入大牢，遣送杭州。荣睿途中装病，伪称“病死”，方逃离。第三次东渡就此作罢。

此事过后鉴真决定从福州买船出海，率30余人从阿育王寺出发。刚走到温州，便被截住，原来鉴真留在大明寺的学生灵佑担心师父安危，苦求扬州官府阻拦，淮南采访使遂派人将鉴真一行截回扬州。第四次东渡不了了之。

748年，荣睿、普照两人再次来到大明寺恳请鉴真东渡。鉴真即率僧人14人，和工匠水手等共35人，阴历六月二十八日从崇福寺出发，再次东行。为等顺风，出长江后鉴真一行在舟山群岛一带停留了数月，直到阴历十一月才能出海。在东海上，该船遭到强大北风吹袭，连续漂流14天才看到陆地，16天后方能上岸，发现已经漂流到了振州（今海南三亚），入大云寺安顿。鉴真在海南停留1年，为当地带去了许多中原文化和医药知识，时至今日，三亚仍有“晒经坡”、“大小洞天”等鉴真遗迹。

之后，鉴真返回北方，沿路经过万安州（今海南万宁）、崖州（今海南海口）、雷州、梧州到达始安郡（今广西桂林），在始安开元寺鉴真又住了1年，又被迎去广州讲法，途径端州（今广东肇庆）时，荣睿病死该地龙兴寺。在广州，鉴真动心前往天竺，被挽留。入夏之后，鉴真继续动身，经韶州时，普照辞去，临别之时，鉴真发誓“不至日本国，本愿不遂”。此时，鉴真由于水土不服加之旅途劳顿，又为庸医所误，导致双目失明。过了大庾岭，鉴真大徒弟祥彦又在吉州（今江西吉安）坐化，鉴真十分悲痛。接下来鉴真又经过了庐山、江州（今江西九江）、润州江宁县（今江苏南京），回到了扬州。第五次东渡结束。

由于鉴真的游历遍于半个中国，因此声名大噪。753年，日本遣唐使藤原清河、吉备真备、晁衡等人来到扬州，再次恳请鉴真同他们一道东渡。当时唐玄宗崇信道教，意欲派道士去日本，为日本拒绝，因此不许鉴真出海。鉴真便秘密乘船至苏州黄泗浦，转搭遣唐使大船。随行大众24人，其中僧尼17人。11月16日，船队扬帆出海，此时，普照也于余姚赶来，11月21日，鉴真所乘舟与晁衡乘舟失散，12月6日剩余两舟一舟触礁，12月20日，抵达日本萨摩。第六次东渡终于成功。

人生小语

从鉴真的艰辛历程可以看出：有志者，事竟成。做事不能只凭一时的冲动，而是需要顽强的坚持精神。绳锯木断，水滴石穿，靠的就是持之以恒。没有经年累月、毫不松懈的耕耘，没有排除万难、坚忍不拔的精神，就不可能取得丰富的成果。换句话说，没有坚持就没有成功。

13年风餐露宿

汉武帝天狩年间派遣大将军霍去病征讨匈奴，霍去病大将军所率士兵英勇奋战，最终打败匈奴，匈奴王率领他的部属5万余人，投降了汉朝。霍去病从战利品中获得两尊奠天金像。霍去病班师回朝后，把这两尊金像奉献给了汉武帝，汉武帝视金像为大神，把这两尊身高1丈余高的金像陈设在甘泉宫里，每日率群臣烧香礼拜，但汉武帝不知这两尊金像的名号，于是汉武帝派遣张骞出使西域到大夏国去问金像名号。张骞辞别了汉武帝，带领侍从人马翻山越岭，长途跋涉到了大夏国，见到了大夏国的僧人、寺院和佛塔。得知当时的大夏国盛行佛教。张骞从西域回来后对汉武帝说：在大夏国的旁边，有一个叫身毒（印度）的国家，那里有佛陀像，两尊金像就是佛陀之像。从此佛像从印度传入了我国。我国始闻佛陀之教。

张骞出使西域问佛名故事画，位于初唐第323窟主室北壁，以全景竖轴式连环画描绘了故事内容，每组画面均有榜题，榜题字迹有的保存清晰，有的已模糊不清。共4组画面。第一组画面：汉武帝手执香炉与众臣在“甘泉宫”前跪拜金人。第二组画面：汉武帝同众多大臣给张骞送行，张骞带侍从牵马持节向汉武帝辞别；第三组画面：张骞和侍从在赴大夏国的途中；第四组画面：张骞和侍从翻山越岭到达了大夏国，城内佛塔高耸，城外有两僧人相迎。

据历史记载，张骞出使西域目的是联络中亚国家，共同进攻匈奴，并非去问金人名号，但张骞出使西域名垂青史，开拓丝绸之路的历史功绩是真实可信的。此幅故事画是现存最早的张骞出使西域图，是研究丝绸之路历史、佛教东传史和中外交通文化交流史极为珍贵的形象资料。

张骞引入石榴，有一则传奇佳话。张骞在西域安息国的住家门前，有一棵石榴树，原本缺水而瘦小干枯，张骞惜之，经常为它浇灌，几年后长得枝繁叶茂，花开似火。后来张骞要回中原前夕，突然来了一位女子，请求与他一同前往中原。张骞唯恐是安息国的宫女想逃亡，为免节外生枝而拒绝了她。

张骞回国时，带着那棵已经日久生情的石榴树，途中却遭匈奴人俘虏，慌乱中竟不知将石榴树失落于何处。等他回到长安，在城外拜见出城迎接他的汉武帝时，忽然有一位红裙绿衣的女子，气喘吁吁地向他奔来。

张骞大吃一惊，来人不正是那位要求一同回中土的女子吗？张骞问她目的为何，那姑娘垂泪回答：“奴只求回报浇灌之恩。”说完力竭倒地不起，随即化成一棵石榴树，正是张骞所失落者。张骞恍然大悟，向汉武帝禀报了原委；汉武帝大喜，命花工将之移植御花园中，从此中土就有了石榴。后人因此而尊张骞为“五月石榴花花神”。

让张骞名垂青史的，是他的冒险精神与持之以恒、不屈不挠的精神。他从西域引进的汗血马、苜蓿、石榴、葡萄、胡瓜等多种动植物，对于汉朝国力的扩充，以及汉民族农业、文化的发展，都有关键性的贡献。由于他曾多次出使西域，打通了中西交通的通道，促进了东西方的了解与交流，才有后来的丝路。可以说，张骞是丝路的开拓者，是我国历史上第一位世界级的英雄人物，和唐朝西行求佛法的玄奘、明朝7次下西洋的三保太监郑和，同为我国最伟大的冒险家。《史记》的作者司马迁称他“凿空西域”。

近代著名学者梁启超称他为我国古代“第一奇男子”。

张骞是汉武帝时期的人。公元前139年，他受命率人前往西域，寻找并联络曾被匈奴赶跑的大月氏，合力进击匈奴。

张骞一行从长安起程，经陇西向西行进。一路上日晒雨淋，风吹雪打，环境险恶，困难重重。但他信心坚定，不顾艰辛，冒险西行。当他们来到河西走廊一带，就被占据此地的匈奴骑兵发现。张赛和随从100多人全部被俘。

匈奴单于知道了张骞西行的目的之后，自然不会轻易放过。把他们分散开去放羊牧马，并由匈奴人严加管制。还给张骞娶了匈奴女子为妻，一是监视他，二是诱使他投降。然而，张骞坚贞不屈。虽被软禁放牧，度日如年，但他一直在等待时机，准备逃跑，以完成自己的使命。

整整过了11个春秋，匈奴的看管才放松了。张骞乘机和他的贴身随从甘父一起逃走，离开匈奴地盘，继续向西行进。由于他们仓促出逃，没有准备干粮和饮用水，一路上忍饥挨饿，干渴难耐，随时都会倒在荒滩上。好在甘父射得一手好箭，沿途常射猎一些飞禽走兽，饮血解渴，食肉充饥，才躲过了死亡的威胁。

这样，一直奔波了好多天，终于越过沙漠戈壁，翻过冰冻雪封的葱岭(今帕米尔高原)，来到了大宛国（今费尔干纳)。高鼻子、蓝眼睛的大宛王早就听说汉朝是一个富饶的大国，很想建立联系，但苦于路途遥远，交通不便，故一直未能如愿。因此，当听说汉朝使者来到时，他喜出望外，在国都热情地接见了张骞。他请张骞参观了大宛国的汗血马。在大宛王的帮助下，张骞先后到了康居（今撒马尔罕)、大月氏、大夏等地。但大月氏在阿姆河上游安居乐业，不愿再东进和匈奴作战。张骞未能完成与大月氏结盟夹击匈奴的使命，却获得了大量有关西域各国的人文地理知识。

张骞在东归返回的途中，再次被匈奴抓获，后又设计逃出，终于历尽千辛万苦，于13年后回到长安。这次出使西域，使生活在中原内地的人们了解到西域的实况，激发了汉武帝“拓边”的雄心，发动了一系列抗击匈奴的战争。

人生小语

大千世界，每一个人本来都默默无闻，立足于自己脚下的一方土地，通过不懈努力，憧憬成功。在我们每个人的身上有一种火山迸发的力量在燃烧——坚持。西汉张骞深入西域出生入死历经13年，为我国和西域（今天的西亚）之间做了很多有益的事情。

七下西洋

郑和（1371~1435年），本姓马，小名三保。昆阳（今云南晋宁）人，回族。12岁入宫当太监，跟随燕王起兵，立功，赐姓郑，任内宫太监，时称三保太监。他不仅精通文韬武略，足智多谋，处事果断，具有组织、指挥才能，而且熟悉佛教和伊斯兰教，容易和西洋各族人民接触；他从小受祖父、父亲的影响，对西洋各国有一定的了解。所以郑和是统率下西洋的最合适的人选。西洋，指今天文莱岛以西的南洋各地和印度洋沿岸一带。

明朝初年，我国已经成为当时的世界强国。为了进一步发展对外关系，扩大贸易往来，谋求与四邻友好，明成祖决心派遣一支船队，出使西洋。当时的我国造船业空前发达，航海技术相当进步，具备了在海上远航的必要条件。

1930年在福建长乐县发掘出土的郑和亲自立的石碑，详细地记载了他7次下西洋的情况。

1405年6月，明成祖派郑和为正使，王景弘为副使，出使西洋各国。郑和率领由62艘大海船和将士、医官、水手、内监、翻译、采办、工匠、书算手等2.78万余人组成的庞大船队，带着大量的丝绸、瓷器、金银、铜器、铁器、布匹、水银、雨伞和草席等40多种货物，从苏州刘家港（今江苏太仓浏河镇）出海，经福州时，又操练准备了几个月，于秋天南下，到达古越南占城，又经过南海，到东爪哇，中经旧港（三佛齐），越满剌加

（又名麻六甲）海，进入印度洋，先后到达锡兰（今斯里兰卡）、印度西海岸、古里等国家和地区，于1407年9月返回祖国。郑和出色地完成了下西洋的任务，明成祖非常高兴。

从1405到1433的28年当中，郑和先后7次下西洋，是我国历史上乃至人类航海史上空前未有的壮举。每次他都率领2万多人的庞大船队，足迹远达我国南海和印度洋，南到今天的印度尼西亚的爪哇，西北到今天的也门、伊朗和麦加圣地，西到今天的非洲东部索马里等，一共有30多个国家和地区。这比欧洲航海家哥伦布发现新航路到达美洲早60多年，比达·伽马航行好望角早65年，比迪亚士到达印度洋早70多年。他是世界史上航行到达非洲赤道以南东海岸的第一人，是世界航海史上的伟大先驱。

每到一地，他都以大明王朝使者、商务代表的身份，拜会国王，赠送礼品，表示建立友好关系的诚意，邀请他们派遣使者访问我国。他们注意当地人民的风俗习惯，尊重当地人民，平等互利地交换物品，换回许多珍珠、宝石、象牙、珊瑚、染料、药材、椰子等货物以及长颈鹿、狮子、驼鸟、金钱豹等珍贵动物。西洋各国也不断派使者回访我国，派商人到我国经商。到五下西洋回国时，明成祖已先后接待了菲律宾、马来西亚等17个国家来访的使者。

郑和下西洋播下了我国人民和各国人民友谊的种子。他们第三次出使到锡兰时，把大批金银供器、织锦宝幡等赠送给岛上的寺院，并立碑留念。他们每到一地，都受到热情欢迎。在越南占城，国王头戴金冠，身穿五彩霞衣，骑着大象，率领500多名骑兵到码头迎接郑和，一路上人们吹着椰壳筒，跳着民族舞蹈，隆重欢迎。直到现在，泰国、马来西亚、印度尼西亚还有用“三保”命名的港口、城市、庙宇。斯里兰卡首都的博物馆里，至今还珍藏着那时立的石碑。印度的古里还保存着郑和的纪念碑。

海上的“丝绸之路”，增进了我国人民同亚非各国人民之间的友谊，促进了相互间的经济贸易和文化交流。

郑和下西洋显示了我国古代航海事业的水平。第一次出使西洋时，最大的一只海船，长44丈，宽18丈，装有9根桅杆，12面风帆，可乘坐1000人，水手二三百名，是当时世界上最大的海船。据参加航海的人记述，船舶“体势巍然，巨无与敌，篷帆锚舵，非二三百人莫能动举”。

船上储积淡水，船体的稳定程度，抗沉能力，航海图、罗盘针等等设备，既齐全，又安排得合理，具有很强的科学性。

整个船队组织严密，指挥系统合理、分工明确、人员齐备、职责分明，所以在海上航行时，能够战胜狂风恶浪，日夜航行。这是15世纪世界上最庞大最先进的一支船队。

在航海过程中，他们积累了大量的宝贵资料，精细地记录了航行的全面情况，并绘制了《郑和航海图》，随航的费信、马欢和巩珍，分别著有《星槎胜览》《瀛涯胜览》和《西洋番国志》等书。当时我国造船业和航海业的技术水平都处于世界领先地位。

郑和7下西洋的故事，在我国可算妇孺皆知。为了纪念这位我国古代伟大的航海家，1980年，我国政府将郑和故乡云南省晋宁县昆阳镇“郑和纪念亭”修葺一新，并且在滇池之畔新建了郑和公园。文艺工作者还将郑和下西洋的英雄事迹搬上话剧舞台，拍摄成电视连续剧。

人生小语

古人云：骐骥一跃，不能十步；驽马十驾，功在不舍。一个人只要坚持不懈地追求，就能达到目的。持之以恒获得成功的例子有很多：马克思写《资本论》花了40年，达尔文写《物种起源》花了20年，司马迁写《史记》花了15年……从以上的“天文数字”里，我们可以看到，要成就一番事业，需要有一颗持之以恒的心。

年轻的我们，更应该做到持之以恒。只要我们持之以恒，迈着坚定的步伐，义无反顾地努力，一定能够沐浴到成功的阳光。

10年才出一本书

曹雪芹的《红楼梦》写于清代乾隆年间，距今已有200多年。相传《红楼梦》问世不久，曾轰动了当时的社会，并以手抄本的形式，流传了30

年，被人视为珍宝。“当时好事者每传抄一部，署庙市中，昂其价，得金数十，可谓不胫而走者矣！”所以，早在“五四”前，梁启超先生曾高度评价说：这是一部“只立千古”的鸿篇巨著。

曹雪芹（约1724或1715~1764年）名霑，字梦阮、芹圃，号雪芹、芹溪居士。生于南京，祖籍河北灵寿。他的曾祖曹玺的夫人孙氏，是康熙皇帝的乳母。康熙即位后，派曹玺到江南去做织造官，历经祖父曹寅和父辈曹颙、曹頫，相继做了65年的江宁织造，负责掌管宫廷所需要的各种织物的织造、采购、供应等，也是皇帝的耳目。康熙南巡，有5次都以江宁织造署为行宫。曹家的兴盛，是完全和康熙一朝相为始终的。由于得到康熙的“天恩”，曹家才成为当时“家资巨万”的“豪富”。

曹雪芹的祖父曹寅是当时的名士，做过康熙的“侍读”，对经史有相当的研究。善诗词戏曲，也是有名的收藏家。他热心于书籍刊刻，非常有名的《全唐诗》就是由他主持刊印的。所以，曹雪芹自幼就受到很好的文化熏陶。

大概16岁前，曹雪芹经历过一段“锦衣纨绔”的“公子哥儿”的生活。然而，好景不长。康熙末年，四皇子雍正夺得皇位。他一上台，就残酷镇压打击他的众多政敌。1727年（雍正五年），雍正以“屡忤圣意”为借口，将曹家革职抄家。不久，又遭另一次更大的祸变。从此，曹家失去了贵戚的保护，家道衰败。曹雪芹“举家食粥酒常赊”，过着流浪的生活。传说，他曾投宿一些富有的亲戚家，但都遭到了冷遇，甚至住过王府的马圈。

曹雪芹日睹曹家的兴隆衰替，察觉到了封建社会的罪恶，开始对整个社会产生了怀疑和憎恨，加之他饱经沧桑的经历，使他决心要做封建社会的叛逆者，用笔来抒发他满腔的不平与愤慨，从而构成了他创作《红楼梦》的初衷。

曹雪芹性格豪放，胸襟开阔。“善谈吐，风雅游戏，触景生春，闻其奇谈，娓娓然令人终日不倦。”他聪慧过人，多才多艺。金石、字画、诗词、风筝、编织、医学、烹调、工艺、印染、雕竹，样样都爱好。他的友人说他画的石头是：“傲骨如君此句奇，嶙峋更见此支离。醉余奋扫如椽笔。写出心中块垒时。”他的“傲骨”体现在《红楼梦》的字里行间。

曹雪芹的后期生活，是在北京西郊的一个荒山中度过的。在那里，他只能靠卖画和友人的接济勉强糊口。传说，他写作《红楼梦》无钱买纸，就把旧年的皇历拆开，把书页反过来折上，订成本子，字就写在皇历的背面。“作书时，家徒四壁，一几一杌一秃笔，外无他物。”一次，他的友人敦敏来访，恰逢雪芹外出，那正是时冬天阴日暮，野水寒云，诗人未归，门庭萧寂。敦敏不禁感慨系之，因而写下“野浦冻云深，柴扉晚烟簿；山村不见人，夕阳寒欲落”。但是，就在这荒寒凄寂的世界里，曹雪芹继续着创作《红楼梦》的伟大事业。

后来，曹雪芹因贫病无医，加上爱子患天花而夭折，伤感成疾，只活了40余岁，就在贫病交迫中搁笔长逝。他死后家里十分萧条，抛下妻子和留下的几页残稿，连埋葬的费用都没有，还是他生前的几位好友把他草草埋葬了。

曹雪芹一生呕心沥血，“披阅十载，增删五次”，写出了震撼人间的恢弘巨著，流芳千古。他的未完稿题名《石头记》。由于他在书中描写的人情世态，也是他人世沧桑的自我写照，并对封建社会大胆地提出了疑问和抗议，因而触怒了当时的皇家和权贵，致使《石头记》只流传下来前80回，其余的都散失了。乾隆末年，程伟元把《石头记》前80回与后来高鹗续写的后40回合在一起，改名为《红楼梦》。

全书百余万字，前80回，曹雪芹塑造了贾宝玉、林黛玉、薛宝钗、王熙凤、晴雯、袭人、史湘云、尤二姐、尤三姐、贾母、刘姥姥等一系列艺术形象，其中着重写了贾、史、王、薛四大封建家族由盛而衰的过程。高鹗续写的后40回，继续写了贾、史、王、薛四大封建家族的衰败，完成了贾宝玉与林黛玉的恋爱悲剧。《红楼梦》具有强烈的反封建的思想意识，闪现出民主主义的思想光华，被人们誉为了解封建社会历史的“百科全书”。鲁迅先生说，“《红楼梦》在我国的小说中实在是不可多得的”。

《红楼梦》是文学宝库中的瑰宝。它不但受到我国读者的珍视，而且还受到外国读者的喜爱，迄今已被译成英、俄、法、德、意、越、匈等国文字，译本达50种之多。研究《红楼梦》，已成为一门新学科“红学”，中外从事“红学”研究的人日益增多。曹雪芹不仅是我国的伟大作家，也是一位伟大的世界文化名人。

曹雪芹的《红楼梦》，与罗贯中的《三国演义》、施耐庵的《水浒传》、吴承恩的《西游记》，并列为我国四大古典小说，对后世小说的创作和发展，产生了巨大而深远的影响。曹雪芹的名字也被用来为宇宙一颗行星命名，永远闪烁着灿烂的光辉。

人生小语

曹雪芹持之以恒的著书精神确实令人敬佩。我国清代学者王国维曾总结了文人研究学问的三个境界。其一为志存高远，“昨夜西风凋碧树，独上高楼，望断天涯路”；其二为持之以恒，“衣带渐宽终不悔，为伊消得人憔悴”；其三为成功境界，“蓦然回首，那人却在灯火阑珊处”。古代思想家荀况也说过：“锲而舍之，朽木不折；锲而不舍，金石可镂。”这些话都说明了目标专一和持之以恒是成功的必由之路。

幽默能力

幽默型性格的好处

20世纪50年代，美国一家企业试制出一种新产品，却无法得到公众的认可。适逢美国试制人造地球卫星，在人造卫星既将大功告成之际，这家企业主一本正经地写信给美国五角大楼，请求他的新产品能在这颗人造卫星上做一个广告，并询问有关广告费的价格等具体问题。五角大楼收到此信后，军方人士不禁哑然失笑：卫星升空以后，影踪全无，要在人造卫星上做广告，岂不是荒唐可笑吗？后来这件事就作为一桩笑料传扬开了。有的记者风闻此事，便在报上写了一篇报道，这件事便和世人瞩目的人造卫星一起，成为全美乃至全球人所共知的一条花边新闻。这家厂商最后当然未被获准在卫星上做广告，却“歪打正着”，他个人没花一分钱，各地的报纸却为他做了义务广告，产品的知名度大大提高了，销售量亦随之猛增。

无锡是我国非常有名的“无锡水蜜桃”的出产地，时值水蜜桃上市季节，集市上到处都是一筐筐、一篓篓熟透了的桃子，“甜桃”、“甜桃”的叫卖声此起彼伏。一位老汉担着两筐桃到集市上来卖，但是，老汉在一片“甜桃”的叫卖声中大叫“酸桃”、“酸桃”。人们听这老汉吆喝得与众不同，不觉闻声围拢到老汉的桃摊前。只见老汉指着桃说：“酸不酸，一尝便知。先尝后买，不甜不要钱！”说完，老汉拿起一只桃请一位顾客尝一尝，那位顾客尝了一口连声说道：“真甜！真甜！一点也不酸！”大家听他这么说，争相购买。不一会儿，老汉的两筐桃就卖完了。再看看其他桃摊，尽管卖桃人一声高过一声地大叫“甜桃”，却生意清淡，有顾客问津。孙子说：“良将思计如饥，所以战必胜攻必克也。”要在激烈的市场竞争中战胜强敌，推销人员就必须开动脑筋，用个人的智慧思考新奇的计谋，只有出奇才能制胜。

人生小语

幽默不仅是一种积极的生活态度，更是一种心智成熟的最佳表现。它可以使人际关系更加和谐，化危机为转机，突破困境、反败为胜。有幽默感的人往往能从平凡小事中发现有趣光明的一面，或是从最坏的情况下得到最大的满足感。幽默的性格是最吸引人的，幽默的人是最有魅力的，幽默感也是一种升华了的美好的意境。

自嘲的幽默

英国非常有名的天文学家詹姆斯·布拉法莱，被任命为英国格林威治天文台台长时，英国女王看他的薪水低，要给他增加薪水，他恳求说：“如果这个职位可以带来大量收入，那么以后到这个职位来的将不是天文学家了。”

这句不乏幽默、语重心长的话语，是这位科学家数十年饱经沧桑的阅历的总结，他目睹了人间无数的兴衰荣辱，研究了金钱对人们的腐蚀，才得到了这个有趣的、富有哲理的结论。

罗西尼

意大利非常有名的作曲家罗西尼听人说，他的一批有钱的爱慕者准备在法国为他建一座雕像。感动之余，他问道："他们准备花多少钱"。

"听说是1000万法郎吧。"

"1000万法郎？"罗西尼大为吃惊，"如果他们肯给我500法郎，我愿意亲自站在雕像的底座上！"

人生小语

从上述两个例子来看，詹姆斯·布拉法莱的幽默，似乎对英国格林威治天文台和职位很看重，而罗西尼的幽默又貌似看重500法郎，实际上都表达了天文学家和作曲家对职位和雕像的"淡漠态度"。布拉法莱正是对金钱的轻视，才会有这等幽默；同样，如果罗西尼没有这样的谦恭，而是对用1000万法郎建雕像欣喜若狂，也绝不会有如此这般的幽默的。

用童趣表现幽默

马克·吐温

据说马克·吐温和他的孪生兄弟，两人长得一模一样，连他们的母亲也分辨不出来。一天，在他们洗澡时，其中一个不小心跌入浴缸淹死了，没有人能知道淹死的究竟是双胞中的哪一个。

"最让人伤心的就在这里。每个人都以为我是那活下来的人，其实不是。活下来的是我弟弟，那个淹死的人是我。"马克·吐温说。

马克·吐温这位杰出的大文豪，类似的"否认生活"的例子是很多的，这里再举一例：

有一年的"愚人节"，马克·吐温

遭到了别人的愚弄，纽约的一家报纸报道了他“逝世”的消息。

消息迅速传开，前来悼念的亲朋好友盈门，这时，有人为他打抱不平，纷纷谴责那家报纸。没料到马克·吐温却风趣地说：“报纸报道我死，这是千真万确的，只不过是日期提前一些。”

许多大幽默家却干出一些怪诞滑稽之事，正是幽默思维压倒了正常思维，假如成人像小孩子那样进行思维的话，就会产生强烈的幽默效果，让人忍俊不禁。

比尔是一家大公司的职员，他经常在办公时间出去理发，尽管他也知道这样做是违反公司规定的。

一天，当比尔又在理发时，公司的经理正巧也来理发，比尔无法躲开了。

经理说：“你好。比尔，我看见你在办公时间理发。”

比尔镇定地回答：“是的，先生，你看，我的头发都是在工作时间长出来的。”

“不是全部吧，其中一部分是在下班时间内长的。”

比尔很有礼貌地回答：“是的，先生，你说得对极了。所以我只剃去一部分而不是全部。”

人生小语

乍看起来，马克·吐温的话似乎有点荒唐，在卖弄玄虚，其实不然，这里用的不过“地道”的“幽默思维法”。这位活生生的大作家，竟如此正儿八经地否认自己的存在，这种超脱的情趣，强烈地相互矛盾，自然而然地令人们感到十分滑稽可笑。

比尔说“所以我只剃去一部分而不是全部”，也是稚气的小孩子的话，是很幽默的，可见不论是大名鼎鼎的马克·吐温先生或者是这位名不见经传的比尔先生，他们都保持着童心。

幽默与乐观

有一次，林肯在丛林里遇到一位老太婆，她对林肯说："你是我见到过的最丑的一个人。"

林肯笑了，说："我倒不以为然，你却应当待在家里不出门啊！"

这个故事，是林肯亲口给人们讲的。林肯的这番趣谈，使听众前仰后合，又使人们觉得：他是多么顽强，多么自信啊！他敢于面对生活，他敢于笑自己，是一个心地诚实的人，能够经受住历史长河的考验，这绝不是偶然的。

人生小语

说话幽默是一个人对待生活态度的反映，是对自身力量充满自信的表现。恩格斯曾经说过："幽默是表明工人对自己的事业具有信心并且表示自己占有优势的标志。"

有乐观的信念，才能对于一些不尽如人意的事泰然处之。

巧用幽默脱困境

非常有名的古希腊寓言家伊索出身于奴隶。有一次，主人派他进城去。半路上，他偶然遇到一位法官，法官严厉地盘问他："你去哪儿？"

"不知道。"伊索回答说。这样的回答使法官起了疑心，于是把他投入监狱。

"然而，要知道，我讲的全是实话，"伊索在狱中提出了抗议，"我确实不知道会进入监狱。"

法官听后笑了起来，把他释放了。

人生小语

伊索作为一个奴隶，被投入监狱，也实在是处于逆境了。但他仍然对生活充满乐观，发掘着生活中的幽默。他既不抱怨法官，也不为个人困境发愁。他的《伊索寓言》早在公元前6世纪就成为西方寓言开端，它由数以百计的独立完整的一个个小寓言组成，寓言的语言精明而有趣，形象生动，这和伊索本人的个性是分不开的。

善用比喻制造幽默

以语言犀利、锋芒毕露见长的英国生物学家赫胥黎，在一次讲演中勇敢抨击了当时的社会对科学界极不公正的态度，他说："科学，这位'灰姑娘'开始升起火来，打扫房间，准备餐食；而到头来人们给她的报酬，则是把她叫做贱货，说她只佩关心低级的物质的利益。"

赫胥黎

他60岁那年，怀着既沉重又难舍的心情辞去了英国皇家学会会长的职务，他在一次讲话中说："我的理智和良心已经向我指出，我已经无法完成这个公司职位的各项重要任务，所以我一分钟也不能干下去了。"

这位德高望重的老人痛心地讲完上述话语后，又不无谐趣地对友人们说："我刚刚宣读完了我去世的官方讣告。"

人生小语

要把话说得幽默，要做到"意料之外，情理之中"，赫胥黎以拟人化的比喻，将教会和习惯势力凶残扼杀科学的狰狞面目揭示得淋漓尽致，因而具有震撼人心的力量。他又风趣幽默地将辞职演说喻作"官方讣告"，这正是他自己复杂、痛苦内心的写照。科学家如果没有对事物入木三分的观察力，是无论如何也说不出如此传神的话语来的。

东拉西扯的幽默

幽默家在进行思维时，把两件表面似乎毫无联系的事物牵扯在一起，从不协调中产生新的协调，从而产生幽默，我们不妨把它叫做"近远联想"。俄罗斯有一位非常有名的丑角演员杜罗夫。在一次演出的幕间休息一个很傲慢的观众走到他的身边，讥讽地问道："丑角先生，观众对你非常欢迎吧？"

"还好。"

"要想在马戏班中受到欢迎，丑角是不是就必须具有一张愚蠢而又古怪的脸蛋呢？"

"确实如此。"杜罗夫回答说，"如果我能生一张像先生您那样的脸蛋的话，我准能拿双薪。"

这位傲慢观众的脸蛋，同杜罗夫能否拿双薪，本无内在的联系，在这里杜罗夫却巧妙地把它们牵扯在一起，从而产生了幽默，对这傲慢的观众进行了讽刺。

对于政治家、社会活动家来说，"近远联想"可使他们高瞻远瞩，也可提高他们的识别能力，因此，是他们的良师益友。

请看一则对话：

甲：你说足球和水球，哪个球门难守。

乙：我说什么门也没有后门难守。

简略的两句对话，巧妙地把“守球门”同“走后门”联系在一起，抨击了社会上走后门的歪风邪气，也提醒掌握一定权力的人们要严把“后门”关。

要想学习“近远联想”的技巧，也是可以办到的。你只要在脑里排除一般的常规的联想和专业性的联想，那么剩下的联想一般都统称为“近远联想”。你也不妨试一试。

人生小语

如果给“幽默思维”一个简单的归纳，那就是：幽默家总是在协调的事物中找出不协调的因素来，敏锐地观察变幻着的平常中的怪诞组合，并用十分自然的口吻说出来，逐渐形成的一种习惯就是幽默思维。

妙用对比

妙用对比法，就是在说话中，有意把不相关的两个事物或概念拉到一起进行比较，从而产生令人捧腹的效果。

教师：玲玲，你爸爸在哪里工作？

学生：寺院里。

教师：是和尚？

学生：对！我经常听爸爸说：“我是做一天和尚撞一天钟。”

人生小语

有人认为，从某种意义上可以说，高明的说话方法是幽默谐趣的说话方法。“和尚”和说“我是做一天和尚撞一天钟”原是两回事，在这里，这位学生无意把它们拉在一起了，产生了意想不到的幽默效果。

一语双关

一语双关是在说话时，利用语音和语义的条件，故意命名某些词语在一定的环境中，具有双重意义的方法。

先看一则“就当没听见”的幽默。

甲：我求你一件事，你能为我保密吗？

乙：当然可以。

甲：近来我手头有点紧，你能凑到些钱吗？

乙：不必担心，我就当没听见。

如果不仔细听，好像乙答应甲的请求。但仔细一想，却是恰恰相反，乙回绝了他，乙的回答是双关的，不仅在“保密”这一点“就当没听见”，请甲放心；就是借钱的要求，也当没听见，请甲死心，达到了一箭双雕的效果，有浓郁的幽默感。

这里还有一则“卖报”的幽默。

一个男人在广场上大声叫卖报纸：“惊人的诈骗事件，受骗者已达82人！”

一个人赶忙奔过去买了份报纸。然而，他看来看去，怎么也找不到诈骗事件的内容。

这时，卖报的人又在大声地叫喊：“惊人的诈骗事件，受骗者已达83人。”

这里卖报人的叫卖，也是一语双关的。“惊人的诈骗事件，受骗者已达

83 人”，这句哗众取宠的话语，一方面是为了招徕顾客，另一方面也幽默地说出真正的受害者正是这些顾客，显得十分风趣。

人生小语

如何说话才能产生幽默谐趣的效果？在言谈中采取巧用修辞和逻辑等方法，可以产生奇妙的力量。

幽默谐趣法，就是情趣与哲理有机统一的，意在言外的诙谐语言的表达方法，它以巧妙地运用滑稽、诙谐、搞笑的语言形式，去反映对象，表达严肃的思想内涵。在交谈中恰当地运用幽默语言，能使人在笑声中，在轻松、优美的感受中，领略所表达的严肃内容的底蕴。

故用反语

有一个“各有所获”的幽默：

两位歌唱家在幽默。一位说：“我初次登台就大获成功，听众献给我的鲜花，足够我夫人开个花店……”

另一个说：“那算什么？我第一次登台，就用我的歌喉震慑了所有的听众，结果他们给了我一座房子！”

“哼，这是瞎说！”

“不是瞎说。他们投掷上台的砖头，足够我盖一幢新房子。”

这里的“给了我一座房子”和“掷上台的砖头够我盖一幢房子”都有反语的意味。反话正说，实际上是观众惩罚了他。

人生小语

故用反语制造幽默法，是使用和本意恰恰相反的话来表达本意的一种方法，正像我们平常所说的，表面是一层意思，里面又是另一种意思。

词语的曲解

鲁迅先生的侄子周晔，在《我的伯父鲁迅先生》一文中，记载了一则“碰壁”的幽默：

有一次在伯父家里，大伙儿围着一张桌子吃晚饭。我望望爸爸的鼻子，又望着伯父的鼻子，说：

“大爹，你和爸爸哪儿都像，就是有这么一点不像。”

“哪一点不像呢？”伯父转过头来，微笑着问我。他嘴里嚼着，嘴唇上的胡子一动一动的。

“爸爸的鼻子又高又直，你的呢？又扁又平。”我望了他们半天才说。

“你不知道，”伯父摸着自己的鼻子，笑着说，“我小的时候，鼻子跟你爸爸的一样，也是又高又直。”

“那怎么……”

“不过到了后来，碰了几次壁，把鼻子碰扁了。”

人生小语

别解词语法，即为了某种需要，明知该这样解说，却偏偏那么理解。如此故意曲解词语的办法，同样能造成说话的幽默感。

鲁迅在这里的“碰壁”是指他同旧社会反动势力做斗争，受到打击迫害而言的，字面上，鲁迅却把“碰壁”别解为真的碰了墙壁，并把它作为他鼻子之所以“又扁又平”的原因。鲁迅运用别解词语的办法，使说话充满了风趣。

有意夸张

相声《笑的研究》里有这样的一段：

甲：常言说，笑一笑，少一少。

乙：不，应该是：笑一笑，10 年少。

甲：一笑就年轻 10 岁？

乙：怎么？

甲：那谁还敢听相声？

乙：怎么不敢听啊？

甲：你今年多大岁数？

乙：40。

甲：笑一回剩 30，笑两回剩 20，笑三回 10 岁，说什么也不敢再笑了。

乙：怎么？

甲：再一笑没啦！来的时候骑车子，走的时候抱走啦！剧场改托儿所啦！

人生小语

有意夸张法是故意对某件事物进行夸张，甚至违反一般规律，以取得跳跃的效果。

“笑一笑，10 年少”，这句话本身就是有意夸张的，那么笑 4 回就抱走了，当然是夸张到违反自然规律了，因而格外幽默，引起哄堂大笑。

巧借谐音

谈吐是用声音表达的，利用谐音，可以创造幽默的效果。

王实甫的《西厢记》中，有这样一段对话：

旦云：这般身子不快呵，你怎么不来看我？

红云：你想张……

旦（嗔怒）云：张什么张！

红云：我张（仗）着姐姐哩。

红娘本想说“你想张生”，但在莺莺的严厉质问下，只好改口说：“我仗着姐姐哩。”这里的红娘巧借谐音法下台阶，使自己免遭训斥。

清人郑板桥为官廉洁奉公，世人称赞。他在潍田任县令时逮捕了一个绰号叫“地头蛇”的恶棍，恶棍的伯父和舅舅（与郑板桥是同科进士）带着酒菜连番登门求情。酒席上，进士行酒令，并以主干上一个刻有“清”字的骨牌，一字一板地吟道：有水念作清，无水还念青，去水添心便念精。郑板桥更正过：“此言差矣，去水添心当讲情。”进士大喜，板桥猛然感到中了圈套，于是，紧接着大声说：“清若换心方讲情，此处自古当讲清，板桥身为七品官，不为升官只为清。”那两人见状，只好告辞了。

人生小语

在这里，进士巧用谐音求情。郑板桥更妙，巧用谐音变化，表明了为官一身清绝不徇私情的态度，这一幽默风趣的妙语被世人传为佳话。

隐含判断

有一则“赏到一口棺材”的幽默：

故事发生在南宋建炎年间。

有一天，一个青年渔民从西湖中救起一个不慎落水的人。落水者愿出300两银子，以谢渔民的救命之恩。

青年渔民说，急人之难是应该的，他拒绝收银子。

落水者便说：“往后有什么难处，就到临安城相府中找我秦桧好了。”

“啊呀，你就是秦大人！银子我、我不要。请赏给我一口棺材吧。”青年渔民急忙说。

秦桧听了丈二和尚摸不着头脑。

人生小语

隐含判断法是在说话中隐含另一种判断的方法，它有“含而不丕，意在有外”的特点。

青年渔民的话里隐含着“我救了秦桧你这个坏人，那么我也会被人打死的”的判断，这是一种隐含的幽默。

含蓄婉曲

在一次宴会上，有个纺织厂的老板娘正坐在英国大作家肖伯纳旁边。肖伯纳个子瘦小，老板娘肥胖出油，老板娘打量了一下肖伯纳，然后带着妖媚的笑容问大作家：“亲爱的肖伯纳，你知道防止肥胖有什么办法吗？”

肖伯纳仔细地看了看这位邻座的女客，然后摸了摸胡子，装出一副十分郑重的样子，说：“有一种办法，我是知道的，然而，我怎么也无法把这个词翻译给你听，因为‘干活’这个词，对于你来说，是外国字呀！”

人生小语

含蓄婉曲法是指对某些事，人们不愿意直接说明白，用一些相应的同义语句，婉转曲折地表达出来的方法。肖伯纳的话非常含蓄幽默，他委婉曲折地表达了他的看法。

利用矛盾

一天，俄国沙皇下令召见乌克兰诗人谢甫琴科。当召见的时候，文武百官都向沙皇深深鞠躬致敬，只有谢甫琴科昂着头，从头到脚打量着沙皇，沙皇大怒。问道：

“你是什么人？”

“我是谢甫琴科。”

“你怎么胆敢不给我鞠躬？举国上下，谁见到我不低头？”

谢甫琴科回答：“不是我要见你，是你要见我，如果我也像他们一样给你深深地弯腰行礼，那么请问，你怎么能看清我呢？”

人生小语

利用矛盾法即抓住对方说话的自相矛盾，不能自圆其说的要点，揭出其好笑之处，达到幽默效果的方法。

这段对话中，沙皇要见诗人，这里用的“召见”，可以理解为其中包含着要看见本人脸面的意思。而沙皇要诗人鞠躬，当然就看不到脸面了。谢甫琴科巧妙地利用沙皇的自相矛盾，从容应对，寓对沙皇的蔑视于幽默的话语之中。

偷换概念

偷换概念法就是为了达到一定的目的，有意以一个概念偷换另一个概念，以构成幽默的方法。

先看一则“一步不走”的幽默：

父子俩去郊游，父亲对儿子说：“要小心啊，此处有种蛇叫‘五步蛇’，被它咬伤走五步就死。”

“没关系，万一被五步蛇咬了，我只走四步就不再走了。”

“好！聪明的孩子，不过你那样做太危险了，离死只差一步啊！”

“那怎么办呢？”

“一步也不要走才保险。”

这里所说的“咬伤走五步就死”，指的是咬伤很快就死，并不是说“一步也不走就保险了”，前面的概念被偷换了。

再举一例：

学生甲："什么是抽象名词？"

学生乙："我不知道。"

学生甲："抽象名词指的是那种能想象而又不能摸到的东西，你明白了吗？"

学生乙："明白了。"

学生甲："你能举个例子吗？"

学生乙："烧得又红又烫的火钳。"

这段对话中，学生甲对"抽象名词"的解说是"能想象而又不能摸到的东西"，而学生乙所举的例子"烧得又红又烫的火钳"，实际上是"能想象而不能摸的实际存在的东西"，构成了幽默对话。

人生小语

从此处可以看出，巧用修辞和逻辑等方法，可使言谈幽默风趣，产生奇妙的效果。

把握机遇的能力

皇室的婚礼

机遇稍纵即逝，只有迅速把握才能获得成功。

1981年，英国王子查尔斯和黛安娜要在伦敦举行耗资10亿英镑的婚礼。

消息传开，全世界都轰动了，许多人也想抓住机会狠狠地大捞一笔。有的在糖盒上印上王子和王妃的照片，有的把各式服装印上王子和王妃结婚时的图案。

黛安娜婚礼

有一个商人在想，人们最需要的东西就是最赚钱的东西，一定要找出在那一天最需要的东西。盛典之时，将有百万以上的人观看，将有多半人由于距离远，而无法一睹王妃尊容和典礼盛况。这些人那时最需要的是一副能使他看清楚景物的望远镜。于是，他突击生产了几十万副用马粪纸和放大镜制成的简易望远镜。

那一天，正当成千上万的人由于距离太远看不清王妃的丽容和典礼盛况，急得毫无办法的时候，商人雇用的上千个卖望远镜的人出现在人群之中，高声喊道：“卖望远镜了，1英镑一个！请用1英镑看婚礼盛典！”顷刻间，几十万副望远镜抢购一空。

结果，他成了这场皇室婚礼的最大受益者。

人生小语

善于抓住机遇的人往往是最成功的人。机遇是来之不易的，错过了就再也没有了，而把握成功往往就是在抓住机遇的那一刹那。抓住了就是财富，错过了就是遗憾。

有需要就有市场

很多人都在等待机遇，而实际上，这世界从不缺乏机遇，而是缺乏发现。

盛田昭夫

有一天，索尼公司的创始人盛田昭夫来到公园里散步，看到老友人手提着一台笨重的录音机，耳朵上套着耳机，也在公园里悠闲地走来走去。

盛田昭夫感到奇怪，就问道：“你这是怎么一回事？”

老友人回答说：“我喜欢听音乐，可又不愿意吵到别人，所以只好戴上耳机，一边散步一边听音乐，真是一种惬意的享受。”

老友人的一句话，触动了盛田昭夫的灵感：是不是可以生产一种可随身带的听音乐的机器呢？新产品“随身听”的构想就由此萌芽。

根据盛田昭夫的设想，技术力量十分雄厚的索尼公司立即进行了缩小录音机零件的研制工作。没过多久，世界上最小的录音机就问世了。

这种新型录音机刚投入市场时，销售部门和销售商担心地说：“这种必须使用录音带的机子，却没有录音的功能，大家会接受它吗?”

盛田昭夫坚定地说：“汽车音响也没有录音的功能，不过几乎每部车都需要它。你们应该明白一点：有需要就会有市场!”

人生小语

机遇不是一眼就能够看出来的，它需要你对事物有准确的判断力，对未来的真知灼见，以及机遇来临时不假思索地利用。能够发现机遇的人是走在最前面的人，也是最终取得成功的人。

一次旅游带来的商机

一位商人带着新婚的妻子去海外度蜜月。

有一天，他们去逛跳蚤市场，发现有一种东西很受当地人的欢迎。这东西价格便宜，最贵的也只不过 1 美元一对。妻子爱不释手，一口气买下十几对，要带回家赠给自己的亲朋好友。奇怪的是，这种东西送出去以后，亲戚友人又纷纷上门来讨要，而且向他打听买这种东西的商店在哪里。不过，商人找遍整个日本，也没有这种东西出售。

其实，它只是生长在热带海上的一种普通小虾，自幼从石头缝爬进去，然后在里面成长为无法出来的雌雄虾，被关在石头里终其一生。

商人一看此物这么受人欢迎，就专程飞往海外买了一大批雌雄虾运回日本，然后以“偕老同穴”命名，把它进行精美包装后出售。大家都认为这种虾能给新婚夫妻带来幸福，成为新婚喜庆上的珍贵礼物。意想不到的是，这种虾一摆上台，便供不应求。最后，1 美元的东西，竟卖到 270 美元的天价。

人生小语

机会就是很平常地存在于你周围的环境中，它或许是一件小得不起眼的东西，以它平常的姿态存在于它的位置上，可一旦你真正地利用了它，就会发现它的价值。

果断把握机遇

据说在意大利贵族西格诺·法列罗的府邸正要举行一个盛大的宴会，主人邀请了一大批客人。就在宴会开始的前夕，负责餐桌布置的点心制作人员派人来说，他设计用来摆放在桌子上的那件大型甜点饰品不小心被弄坏了，管家急得团团转。

这时，西格诺府邸厨房里干粗活的一个仆人走到管家的面前怯生生地说道："如果您能让我来试一试的话，我想我能造另外一件来顶替。"

"你？"管家惊讶地喊道，"你是什么人，竟敢说这样的大话？"

"我叫安东尼奥·卡诺瓦，是雕塑家皮萨诺的孙子。"这个脸色苍白的青少年回答道。

"小家伙，你真的能做吗？"管家将信将疑地问道。

"如果您允许我试一试的话，我可以造一件东西摆放在餐桌中央。"青少年开始显得镇定一些。

仆人们这时都显得手足无措了，于是，管家就答应让安东尼奥去试试，他则在一旁紧紧地盯着这个青少年，注视着他的一举一动，看他到底怎么办。这个厨房的小帮工不慌不忙地要人端来了一些黄油。不一会儿工夫，不起眼的黄油在他的手中变成了一只蹲着的巨狮。管家喜出望外，惊讶地张大了嘴巴，连忙派人把这个黄油塑成的狮子摆到了桌子上。

晚宴开始了，客人们陆陆续续被引到餐厅里来。这些客人当中，有威尼斯非常有名的实业家，有高贵的王子，有傲慢的王公贵族们，还有眼光挑剔的专业艺术评论家。当客人们一眼望见餐桌上卧着的黄油狮子时，都不禁交口称赞起来，纷纷认为这是一件天才的作品。他们在狮子面前不忍离去，甚至忘了自己来此的真正目的是什么了。结果，这个宴会变成了对黄油狮子的鉴赏会。客人们在狮子面前情不自禁地细细欣赏着，不断地问西格诺·法列罗，究竟是哪一位伟大的雕塑家竟然肯将个人天才的技艺浪费在这样一种很快就会熔化的东西上。法列罗也愣住了，他立即喊管家过来问话，于是管家就把小安东尼奥带到了客人们的面前。

当这些尊贵的客人们得知，面前这个精美绝伦的黄油狮子竟然是这个小孩仓促间做成的作品时，都大为惊讶，整个宴会立刻变成了对这个小孩的赞美会。富有的主人当即公布，将由他出资给小孩请最好的教师，让他的天赋充分地发挥出来。西格诺·法列罗没有食言，不过安东尼奥没有被眼前的宠幸冲昏头脑，他依旧是一个淳朴、热切而又诚实的青少年。他孜孜不倦地刻苦努力着，希望把自己培养为皮萨诺门下一名优秀的雕刻家。也许很多人并不知道安东尼奥是如何充分利用第一次机会展示个人的才华的。但是，没有人不知道后来的雕塑家卡诺瓦的大名，也没有人不知道他是世界上最伟大的雕塑家之一。

人生小语

生活是公平的，它会随时使我们陷入危机，也会不时地赐予我们机遇。只要你能充分利用各种信息，定能成功地把握机遇，走向胜利。

小安东尼奥抓住机遇成就个人的故事，充分证明了：善待机遇便能打开通往成功的大门。

你想成功吗？那就做好准备，把握好你人生的每一个机遇！

不可急躁

《孟子·公孙丑上》有则寓言，说的是宋国有个种田人，为了让自己田里的禾苗长得快一些，就下到田里把禾苗一棵一棵地往上拔。拔完后回到家，对家里人说："今天累坏了，我帮助田里的禾苗长高了。"他的儿子听后，忙到田里去看，只见田里的禾苗全都枯萎了。今天用来比喻强求速成反而坏事的成语"揠苗助长"，就源于这个故事。

植物生长必须依赖一系列条件，要有适宜的温度，要有适量的水肥，还要有足够的生长时间等。那个浮躁的宋国人急于求成，违反了植物的生长规律，费了半天力气却把事情办坏了。

历史上赫赫有名的巴顿将军也是因为个人性格当中的轻率、浮躁而断送了他的政治生命和大好的前程。

巴顿将军某日来到后方医院看望伤员。

巴顿将军走到一个病号前，他问道："你有什么要求？"

病号要求回国，巴顿将军又问："为什么？"

病号开始抽泣："我的神经不好。"巴顿又问："你说什么？"病号回答说："我的神经不好，我听不得炮声。"

将军大吼："去你的神经，你是个胆小鬼，你是浑蛋。"然后他给了这个病号一个耳光，并说："不许这龟儿子哭泣，我不允许一个王八蛋在我们这些勇敢战士面前哭泣。"他又一次揍了那病号，把病号的军帽丢至门外同时又大声对医务人员说："你们以后不能接受这些龟儿子，他们一点事也没有，我不允许这种没有半点男子汉气的王八蛋在医院内占位置。"

巴顿将军

他再次回头对病号吼道："你必须到前线去，你可能被打死，但你必须上前线。如果你不去，我就命令行刑队把你毙了。说实在的，我本该现在就亲手把你毙了。"

这个消息很快传开了，于是引起了美国国内的极大反响。好些母亲要求撤巴顿的职，有一个人权团体还要求对巴顿进行军法审判。尽管后来马歇尔从大局出发，决定化大事为小事，化小事为无事，但打骂士兵使巴顿声名狼藉。这是1943年，巴顿将晋升上将时的事。他这种轻率、浮躁的性格，以及政治上的偏见为他埋下了战后被撤职的祸根。

人生小语

浮躁，乃轻浮急躁之意。一个人如果有轻浮急躁的性格，是什么事情也干不成的。

在生活中，常有性格浮躁、轻率的人。他们做事情既无准备，又无计划，脑子一热，兴头一来就动手去干。他们在机遇面前，不是像很多成功者那样牢牢地抓住机遇，稳扎稳打，一步一个脚印地去达成个人的目标。而是恨不得一锹挖成一眼井，一口吃成胖子。结果不但没好好利用机会更与成功无缘。

反思能力

反思与财富

善于思考的人由于其性格的特点决定了他们比别人更多一些成功的胜算，所以获得财富会更容易。

现代生活节奏加快了，很多人只顾埋头干活，很少停下来思考一下自己当前的行为方式。有时候我们要通过别人才反思自己的生活误区。

意大利商人史蒂文随旅行团来中国旅游。他看见一大清早街上有很多人慌慌忙忙地挤车赶着去上班，他不解地问导游小姐："这些人怎么那么慌张，他们一天上班几个小时？"

"至少 8 个小时，加上路上所用时间得 10 个小时。"导游答道。

"他们一天真有那么多事要做吗？要花那么长时间？"史蒂文感到莫名其妙。

"大家都是这样，"导游小姐说，"你们经商的不也是非常忙碌吗？"

"并不是你想象的那样。"史蒂文先生慢条斯理地说，"真正有办法的人，也可以说是聪明人，他们生活得既清闲又富裕。因为他们肯动脑筋，做 1 小时的工作所得的报酬超过一般人做 10 小时所得的报酬。你想想，一个人如果成天忙于某一件事，累了就睡，睡醒又开始紧张地工作，如此一来没有一点清闲时间供个人思考，又怎么会谈得上有新的创见呢？因此，我认为，每天除了必需的工作时间外，务必要抽出一定时间来思考改善目前状况的计策。如果每个人都注重思考，并且一有具体的方法就立刻试着去做，我相信任何人都不会平淡无奇地度过一生的。”

人生小语

我们每个人都应该养成善于思考的习惯。可以说，思考伴随人的一生。失败的时候，需要冷静思考；成功以后，更需要继续思考；困惑面前，需要积极思考；人生转折的关键时刻，更需要认真思考；众议迭出，莫衷一是的时候，更需要全面的思考。

思考，让困惑随风而去。

自省照亮灵魂

陈子昂是我国初唐非常有名的诗人。他的老家是梓州射洪（今四川射洪），幼年时他就随父亲一起来到了京城长安。由于父母平时对他非常娇惯，所以他长到十几岁时仍然不爱读书，每天只知道跟他的友人出城打猎、游玩，要不就是四处找人斗鸡赌钱。

随着时间的流逝，陈子昂渐渐长大了，这时他的父母才发现自己的宝贝儿子不学无术，一无所长，并开始为他的前途担忧。父母对他平日里的行为也看不下去了，多次劝他除掉身上的恶习，潜心攻读。可陈子昂游荡惯了，哪里听得进去。有一天，他在游玩途中路过一处书塾，在窗外无意中听到教师在说这样一段话：“一个人是否能够享有荣誉或蒙受耻辱，完全取决于他本人的品德。品德好的人，自然会享受荣誉；品德坏的人，也自然会蒙受耻辱。一个人如果放任自流，行为举止傲慢，身上具有邪恶污秽的东西，就无法得到他人的尊敬。要想成为一名君子，就要让个人博学多才，还要经常用学来的真理对照自身进行检点。如果坚持这样做下去，你的学问和知识就会越来越多，行为上也很难有什么过失了。‘少壮不努力，老大徒伤悲。’在生活中，我们看到别人做一番大事业时总是非常羡慕，不过你哪里知道，人家之所以能够取得成功，是下了一番苦工夫的！不经过自身的努力就想得到学问，那就如同缘木求鱼一样幼稚得可笑。”

无意中听到的这一番话，使陈子昂的内心受到很大的触动。他忘记了游玩，马上赶回家，在自己的屋中反思起来，回首自己以前做过的荒唐事，心里追悔莫及。从那一天起，陈子昂毅然跟原来那些友人断绝了来往，把在家中饲养的各种小动物也都放掉了，从此和书本成了朋友，每天书不离手，勤奋刻苦地学习，直至最后成为一名伟大的诗人。

人生小语

自省对一个人的成长有着至关重要的作用，它使人学会自制。然而在生活中，我们不可能都像陈子昂那么幸运，能够碰到一位教师说出一些足以打动我们内心的话。如果我们能够及时反思，也会收到很好的效果。

反思自己的错误

司马光是北宋非常有名的政治家和史学家，从小就非常聪明，学什么会什么，因此很多人都称他是小神童。司马光也很得意，觉得自己很了不起。

有一天，小司马光路过厨房时，一股香味迎面扑来，走进厨房一看，原来仆人正忙着做司马光最爱吃的八宝饭。司马光一见，立即嚷着要吃。不过，八宝饭还没有做好，怎么吃呢？一个机灵的仆人笑着逗司马光说：“看到这些青核桃仁了吗？如果你能把核桃仁上的这层青皮剥掉，马上就可以吃到香喷喷的八宝饭了！”

司马光一听就乐了：“这好办，你们等着，我很快就可以剥掉！”说完，他跑出厨房，坐在院子里，认真地剥起核桃来。没想到，这层青皮虽然很薄，然而想要剥下来并不容易。

一开始，司马光用指甲一点点地抠，不过，抠了半天，不但没有剥出几个，反而捏碎了不少。就在小司马光急得抓耳挠腮的时候，一个丫环走过来，悄悄告诉他："公子，你只要把核桃仁放进开水里泡一下，就好剥了。"司马光试了一下，果然很灵，所以没一会儿工夫就把一大盆核桃仁都剥出来了。

看着白嫩嫩的核桃仁，司马光高兴极了，急忙拿去给姐姐看。姐姐惊奇地问："这都是你自己剥的吗？"司马光本来想说这是丫环教他的，可又怕丢面子，就说："当然了。"

司马光

司马光话音刚落，父亲就从旁边走过来，非常严肃地说："光儿，我刚才明明看到是丫环教你剥的，你怎么不肯承认？"被父亲一批评，小司马光的脸红了。

这时，母亲走过来说："光儿，你父亲说得对，是别人教你的就是别人教你的，来不得半点虚假，怎么可以撒谎呢？你应该好好地反省一下自己，做人可一定要谦虚呀。"那天晚上，司马光就一直在房间里认真地反思自己。从那以后，他每隔一段时间就进行自我反省，看看自己哪些事情做得对，哪些事情做得不对，并且在遇到问题的时候虚心向别人请教，终于成为非常有名的历史学家和政治家。

人生小语

心中常留一面反省的镜子，照照自己身上的缺点或者陋习，有则改之，无则加勉。自我反省就是心里的一块明镜，照亮你心中每个阴暗的角落，让阳光折射进来的同时，也照亮了灵魂。

反思他人言论

齐威王的相国邹忌长得相貌堂堂，身高八尺，体格魁梧，十分漂亮。与邹忌同住一城的徐公也长得一表人才，是齐国有名的美男子。

一天早晨，邹忌起床后，穿好衣服、戴好帽子，信步走到镜子面前仔细端详全身的装束和个人的模样。他觉得自己长得的确与众不同、高人一等，于是随口问妻子说：“你看，我跟城北的徐公比起来，谁更漂亮？”

他的妻子走上前去，一边帮他整理衣襟，一边回答说：“您长得多漂亮啊，那徐先生怎么能跟您比呢？”

邹忌心里不大相信，因为住在城北的徐公是大家公认的美男子，自己恐怕还比不上他，所以他又问他的妾，说：“我和城北徐公相比，谁漂亮些呢？”

他的妾连忙说：“大人您比徐先生漂亮多了，他哪能和大人相比呢？”

第二天，有位客人来访，邹忌陪他坐着聊天，想起昨天的事，就顺便又问客人说：“您看我和城北徐公相比，谁漂亮？”客人毫不犹豫地说：“徐先生比不上您，您比他漂亮多了。”

邹忌如此做了 3 次调查，大家一致都认为他比徐公漂亮。不过邹忌是个有头脑的人，并没有就此沾沾自喜，认为自己真的比徐公漂亮。

恰巧过了一天，城北徐公到邹忌家登门拜访。邹忌第一眼就被徐公那气宇轩昂、光彩照人的形象征服了。两人交谈的时候，邹忌不住地打量着徐公。他自觉自己长得不如徐公。为了证实这一结论，他偷偷从镜子里面看看自己，再调过头来瞧瞧徐公，结果更觉得自己长得比徐公差。

晚上，邹忌躺在床上，反思这件事情。既然自己长得不如徐公，为什么妻、妾和那个客人却都说自己比徐公漂亮呢？想到最后，他总算找到了问题的结论。邹忌自言自语地说：“原来这些人都是在恭维我啊！妻子说我美，是因为偏爱我；妾说我美，是因为害怕我；客人说我美，是因为有求于我。看起来，我是受了身边人的恭维而认不清真正的自我了。”

人生小语

人在一片赞扬声中一定要保持清醒的头脑，特别是居于领导地位的人，一定要客观分析问题，正面思考也反面思考问题的本质。

反思做事的方法

“水能载舟亦能覆舟”是唐太宗李世民的治国名言，体现了他重视君民关系的治国思想。在初唐以唐太宗李世民为代表的执政者那里，“民为邦本”的传统已经化为用明确概念提了出来的指导思想。

唐太宗

登基第二年，唐太宗对大臣们说：“任何事皆须务本，国以人为本，人以衣食为本，凡营衣食以不失其对为本。”正是在这种思想指导下，在百废待举、民生凋敝几近废墟的基础上才创造了初唐“贞观之治”的奇迹，打开了政治、经济、文化全面繁荣的通渠。

初唐执政者首先是畏民。唐是在亡隋基础上建立起来的，他们亲眼目睹了隋亡的全过程，亲身感受了隋末农民起义的巨大威力。唐太宗经常组织群臣讨论隋亡的原因，他善于纳谏，很大程度上也是吸取了亡隋的教训。唐太宗曾准备修建乾元殿，大臣张元素以乾元本隋初建，乾元毕工，隋朝解体相谏，使太宗猛省。“君者舟也，庶人者水也，水能载舟，水能覆舟。”本是荀子的名言，由于太宗经历了隋朝覆舟之变，“水能载舟亦能覆舟”成了唐太宗的口头禅，不少人误以为这就是唐太宗的名言而忘记了荀子的“版权所有”。(其实荀子也引自“传”，也不是最初的版权所有者）不过也正是这种畏民之心，才使他不得不去重视“民为邦本”。

其次是静民。唐太宗“民为邦本”的指导思想直接产生出“抚民以静”的治国方略。当时的抚民主要是抚农民，静民主要是安静农民和农业生产。他们通过推行均田、奖励垦荒、改革赋税、轻徭薄赋、劝课农桑、不违农时、增殖人口、兴修水利等措施使农民得到休养生息，农业生产得到较快的恢复发展，从而保护和发展了人民的根本利益；在经济有所发展的基础上，强盛了国力，在不太长的时间内，实现了贞观之治。史学家杜佑说：“自贞观以后，太宗励精为理，至八、九年频至丰稔，米斗四五钱，马牛布野，……至十五年，米每斗值两钱。”粮价从原先斗米匹绢的价格，跌至斗米四五钱，再跌至斗米两钱，这确是难得的治世景象。

人生小语

过去的统治者一直轻视人民、奴役人民，而没有看到人民背后反抗的力量。唐太宗英明睿智，总结历史，对统治者的管理方法做出了深刻的反思。正是这种深刻的反思精神，成就了我国历史上的大唐盛世。